1 Gleichungen

Waagen im Gleichgewicht

Das unbekannte Gewicht x kannst du mit der Waage oder durch Lösen der Gleichung bestimmen. Zur Probe setzt du die gefundene Lösung in die Gleichung ein.

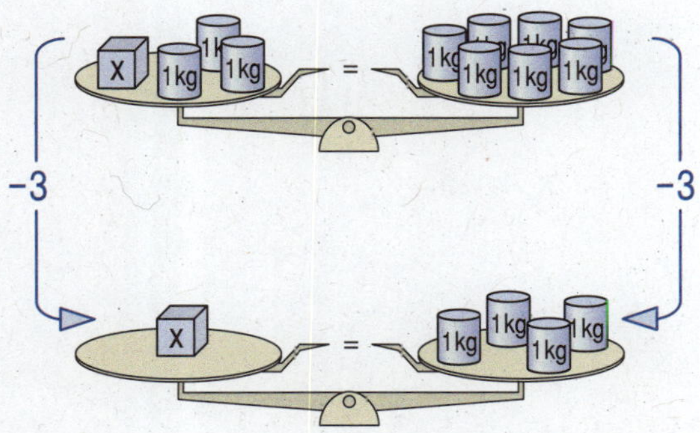

$x + 3 = 7 \quad | -3$

$x = 4$

Probe:

$4 + 3 = 7$

$7 = 7$

Zum Lösen einer Gleichung führst du auf beiden Seiten dieselben Rechnungen durch.

1 Löse die Gleichung. Mache die Probe.

a) $x + 5 = 8$

Probe:

b) $2 + x = 7$

Probe:

c) $9 = x + 4$

Probe:

2 Vervollständige den Lösungsweg für die Gleichung. Mache die Probe. Beachte: $2x = 2 \cdot x$

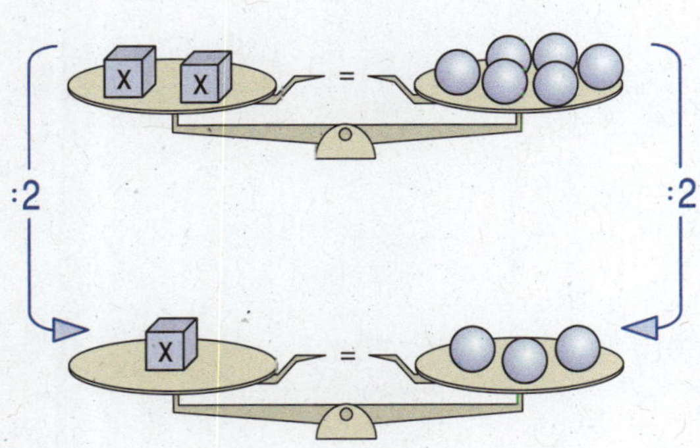

$2x = 6 \quad | :2$

$x = \square$

Probe:

$2 \cdot \square =$

3 Auch diese Gleichungen kannst du lösen. Mache die Probe.

a) $4x = 24$

Probe:

b) $5x = 45$

Probe:

c) $27 = 3x$

Probe:

Gleichungen mit x auf einer Seite

1 Hier gibt es zwei Umformungsschritte. Sie entsprechen dem Vorgehen an der Waage. Zur Probe setzt du die gefundene Lösung für x in die Ausgangsgleichung ein. Vervollständige die Probe.

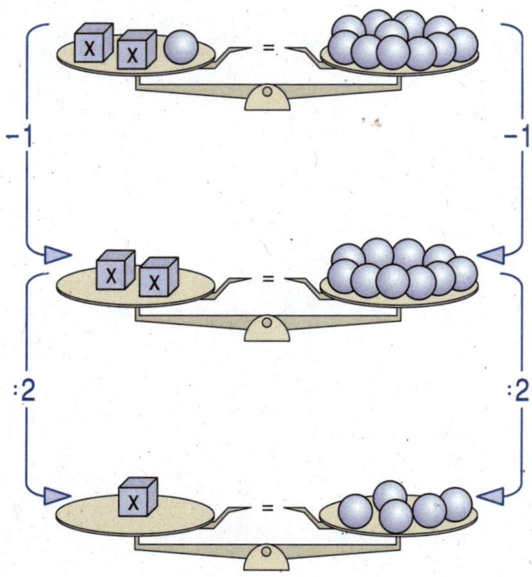

$2x + 1 = 11 \quad | -1$

$2x = 10 \quad | :2$

$x = 5$

Probe:

$2 \cdot 5 + 1 = 11$

$10 + 1 = 11$

$=$

2 Der Buchstabe bezeichnet eine unbekannte Zahl. Du findest die Zahl durch Lösen der Gleichung. Mache die Probe.

a) $3a + 5 = 23$

Probe:

$3 \cdot$

b) $4y + 9 = 37$

Probe:

3 Auch diese Gleichungen kannst du durch Umformen lösen. Mache die Probe.

a) $4x - 7 = 13 \quad | +7$

Probe:

b) $5a - 3 = 42$

Probe:

Gleichungen mit x auf einer Seite

1 Fasse zuerst die Vielfachen der unbekannten Zahl zusammen (wie im Beispiel). Zur Probe setze die gefundene Lösung in die Ausgangsgleichung ein.

a) $7x + 5 + 2x = 50$

$9x + 5 = 50 \quad | -5$

$9x = 45 \quad | :9$

$x = \square$

Probe:

$7 \cdot \square + 5 + 2 \cdot \square = 50$

b) $3x + 9 + 4x = 37$

2 Fasse zusammen, dann löse die Gleichung. Mache die Probe.

a) $9x + 7 + 3x = 55$

b) $4a + 7 + 4a = 31$

3 Fasse auch bei diesen Gleichungen zuerst zusammen. Mache die Probe.

a) $8x + 5 - 2x = 29$

b) $7x - 8 - 2x = 47$

Gleichungen mit x auf beiden Seiten

1 Die Umformung der Gleichung kannst du mit dem Waagebild erklären. Vervollständige den Lösungsweg. Zur Probe setze die gefundene Lösung in die Ausgangsgleichung ein.

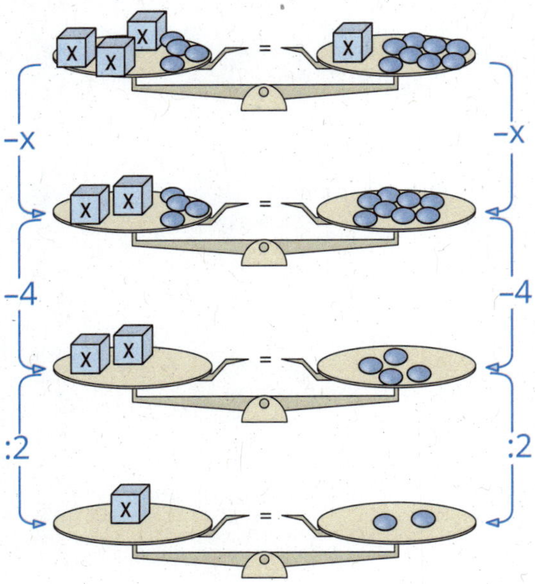

$3x + 4 = x + 8 \quad | -x$

$2x + 4 = 8$

Probe:

$3 \cdot$

2 Löse die Gleichungen. Mache die Probe.

a) $5x + 8 = 3x + 18$

Probe:

b) $10a + 6 = 6a + 22$

Probe:

3 Bei diesen Gleichungen kannst du zuerst zusammenfassen. Mache die Probe.

a) $7x + 5 - 3x = x + 14$

Probe:

b) $8x + 7 + x = 3x + 19$

Probe:

Gleichungen mit x auf beiden Seiten

1 Löse die Gleichung. Die Lösung kann ein Bruch sein.

a) $5x + 12 = 3x + 13$

b) $6x - 14 = 4x + 6$

c) $46 - 3x = 7x + 6$

d) $14 + 5x = 2x + 15$

2 Auch hier kann die Lösung ein Bruch sein.

a) $8x + 4 - 2x = 3x + 6$

b) $5 + 7x + 4 = 3x + 10$

c) $6x - 3 + 5x = 4x + 11$

d) $9x - 4 - x = 2x + 1$

3 Fasse zuerst auf beiden Seiten der Gleichung zusammen. Die Lösung kann eine negative Zahl sein.

a) $25x - 18 - 7x + 10 = 15 + 16x - 11$

b) $35x + 40 + 7x + 13 = 25 + 39x - 5$

Zahlenrätsel

1 Zum Zahlenrätsel wird eine Gleichung aufgestellt. Löse die Gleichung.

die Zahl	x
das 4fache der Zahl	4x
davon 8 subtrahieren	4x – 8
das Doppelte der Zahl	2x

Gleichung: $4x - 8 = 2x$

2 Zu jedem Zahlenrätsel gehört eine der Gleichungen. Ordne zu.

Vom 3fachen einer Zahl subtrahiere ich 6. Das Ergebnis ist 27.

Zum 6fachen einer Zahl addiere ich 3. Das Ergebnis ist 27.

$3x + 6 = 27$ | $6x + 3 = 27$ | $3x - 6 = 27$ | $6x - 3 = 27$

Zum 3fachen einer Zahl addiere ich 6. Das Ergebnis ist 27.

Vom 6fachen einer Zahl subtrahiere ich 3. Das Ergebnis ist 27.

3 Löse das Zahlenrätsel mit Hilfe einer Gleichung

a)

b)

c)

4 Wie alt sind Lea und ihre Mutter?

A: Lea ist ______ Jahre alt. Leas Mutter ist ______ Jahre alt.

Üben: Sachaufgaben

1 Welche Gleichung gehört zum Text? Löse die Gleichung. Schreibe einen Antwortsatz.

Herr Erb kauft 3 Kreisel und ein Paket Straßenkreide, das 6 € kostet. Insgesamt bezahlt er 39 €. Wie viel Euro kostet ein Kreisel?

Frau Alt kauft 3 Spiele. Sie löst einen Gutschein für 6 € ein. Daher bezahlt sie nur 39 €. Wie viel Euro kostet ein Spiel?

$6x + 3 = 39$ $3x - 6 = 39$ $3x + 6 = 39$ $6x - 3 = 39$

A: ______________________

A: ______________________

2 Stelle eine Gleichung zur Aufgabe auf. Löse die Gleichung. Schreibe einen Antwortsatz.

Durch Babysitten verdient Lisa an 4 Tagen immer gleich viel. Sie kauft ein T-Shirt für 17 €. Danach hat sie noch 43 € übrig. Wie viel Euro verdient sie täglich?

A: ______________________

3 Wie groß ist jeder der drei Jugendlichen?

Jan: x Lea: ____ Max: ____

A: ______________________

4 Von März bis Mai spart Ali 135 €.
Im April spart er 6 € mehr als im März.
Im Mai sind es sogar 9 € mehr als im März.
Bestimme die Sparbeträge.
Sparbeträge:

März: ________ €

April: ________ €

Mai: ________ €

Vermischte Übungen

1 a) Notiere die Gleichung.
b) Trage die Lösungsschritte in das Waagebild ein.
c) Löse die Gleichung. Mache die Probe.

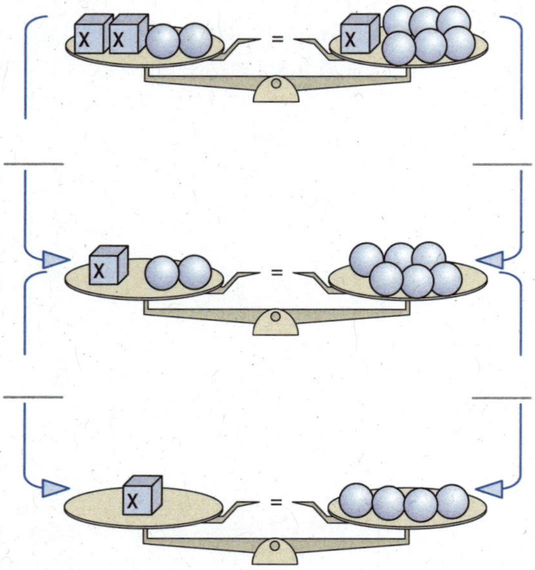

Gleichung:

Lösen der Gleichung:

Probe:

2 Löse die Gleichung.

a) $2x + 7 = 29$

b) $8x + 5 = 61$

c) $3x - 8 = 16$

d) $7x - 4 = 38$

3 Löse das Zahlenrätsel mit Hilfe einer Gleichung.

a)

b)

4 Stelle eine Gleichung zur Aufgabe auf. Löse die Gleichung. Schreibe einen Antwortsatz.

Frau Lauer kauft für den Sportverein ein Paar Socken für 6 € und 5 gleiche T-Shirts.
Sie bezahlt insgesamt 51 €.
Wie viel Euro kostet ein T-Shirt?

A: ____________________

2 Prozentrechnung

Prozentsätze darstellen

1 Prozent bedeutet Hundertstel. Gib den Anteil als Hundertstelbruch und in Prozent an.

a) 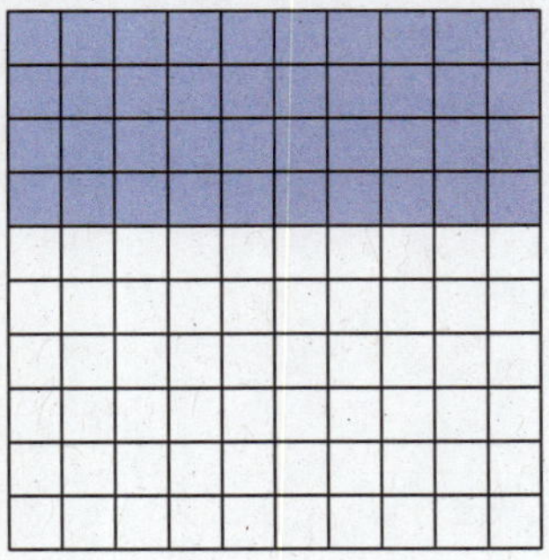

$\frac{\quad}{100}$ = ______ %

b) 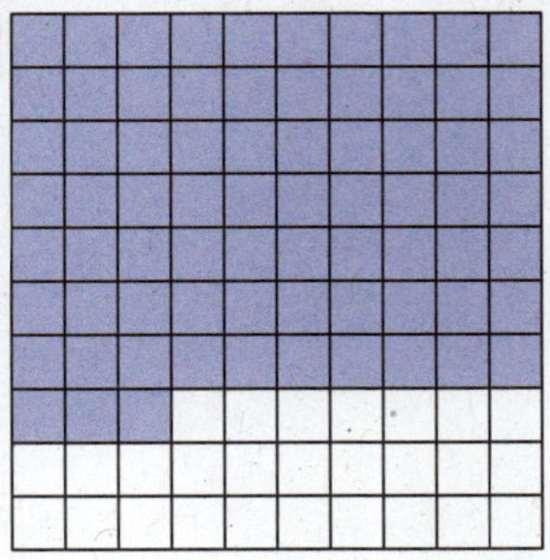

$\frac{\quad}{100}$ = ______ %

c) 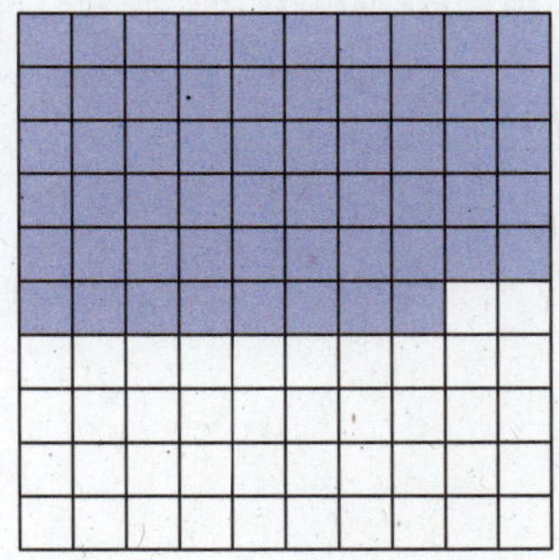

$\frac{\quad}{100}$ = ______ %

2 Färbe im Hunderterfeld. Gib den Anteil in Prozent an.

a) 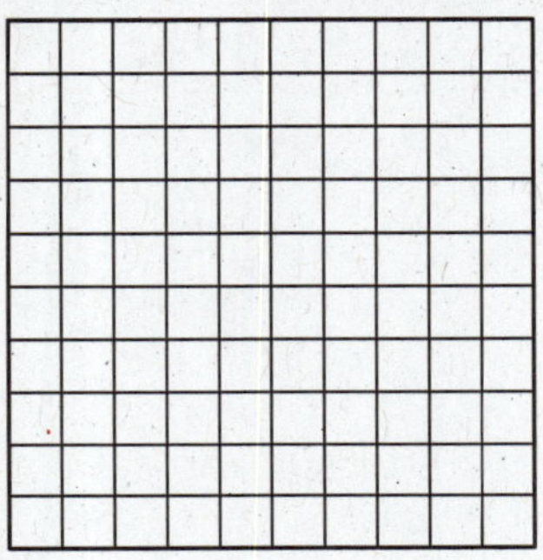

$\frac{45}{100}$ = ______ %

b) 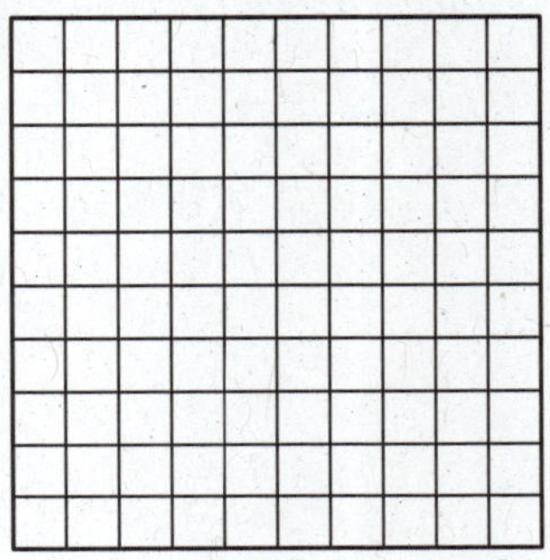

$\frac{65}{100}$ = ______ %

c) 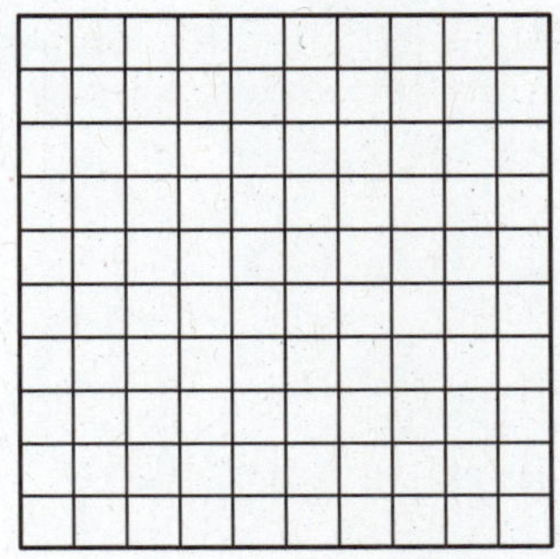

$\frac{81}{100}$ = ______ %

3 Schreibe mit dem Prozentzeichen und als Hundertstelbruch.

a) 9 Prozent = ______ = $\frac{\quad}{100}$ 20 Prozent = ______ = $\frac{\quad}{100}$ 60 Prozent = ______ = $\frac{\quad}{100}$

b) 1 Prozent = ______ = $\frac{\quad}{100}$ 99 Prozent = ______ = $\frac{\quad}{100}$ 50 Prozent = ______ = $\frac{\quad}{100}$

c) 5 Prozent = ______ = $\frac{\quad}{100}$ 25 Prozent = ______ = $\frac{\quad}{100}$ 77 Prozent = ______ = $\frac{\quad}{100}$

4 Der Sportverein Schöntal hat 200 Mitglieder.
Lies am Hunderterfeld ab, wie viel Prozent der Mitglieder in jeder Abteilung sind.
Berechne für jede Abteilung die Anzahl der Mitglieder.
100 % sind 200 Mitglieder.

Fußball	______ %	______ Mitglieder
Lauftreff	______ %	______ Mitglieder
Handball	______ %	______ Mitglieder
Tennis	______ %	______ Mitglieder
Zusammen:	______ %	______ Mitglieder

Prozentwert berechnen

1 Das Jugendtheater hat bei seinen Vorstellungen 14 800 Besucher. In der Tabelle steht die Verteilung auf die Altersgruppen.
Wie viele Besucher sind es für jede Altersgruppe?

Unter 18 Jahre	60 %
Von 18 bis 65 Jahre	25 %
Über 65 Jahre	15 %

a)

Unter 18 Jahre	
%	Besucher
100	14 800

(: 100 ↓ ; · 60 ↓)

_______ Besucher

b)

Von 18 bis 65 Jahre	
%	Besucher

_______ Besucher

Über 65 Jahre	
%	Besucher

_______ Besucher

2 Im Kopf oder schriftlich?

a) 10 % von 3 700 € = _______

b) 20 % von 1 200 € = _______

c) 99 % von 4 000 € = _______

d) 15 % von 2 200 € = _______

3 Immer drei Ergebnisse sind gleich. Verbinde.

30 % von 400 €	40 % von 30 €	6 % von 2 000 €
75 % von 16 000 €	60 % von 2 000 €	3 % von 40 000 €
4 % von 300 €	20 % von 60 000 €	75 % von 16 €
40 % von 3 000 €	40 % von 300 €	5 % von 240 000 €

Grundaufgaben der Prozentrechnung

1 Beim Popkonzert der *Jungen Wilden* bekommen 75 % der Besucherinnen und Besucher einen Sitzplatz. Insgesamt kommen 1 400 Personen zum Konzert.
Wie viele Besucher bekommen einen Sitzplatz? Berechne den Prozentwert.

	%	Besucher	
	100	1 400	Grundwert
	1	14	
Prozentsatz	75		Prozentwert

2 Von den 250 Schülern der Uferschule besuchen 75 das Konzert der *Jungen Wilden*.
Wie viel Prozent der Schüler besuchen das Konzert? Berechne den Prozentsatz.

	Schüler	%	
Grundwert	250	100	
	1	0,4	
Prozentwert	75		Prozentsatz

3 Beim nächsten Konzert der *Jungen Wilden* sind 9 % der Besucher jünger als 16 Jahre.
Das sind 108 Personen.
Wie viele Besucher hat dieses Konzert? Berechne den Grundwert.

	%	Personen	
Prozentsatz	9	108	Prozentwert
	1		
	100		Grundwert

4 Vervollständige die Tabelle.

Grundwert	100 €	400 m		500 kg	300 €	800 €
Prozentsatz		30 %	10 %		20 %	
Prozentwert	20 €		50 m	50 kg		40 €

5 Vervollständige die Tabelle.

Bruch	$\frac{1}{2}$	$\frac{1}{5}$	$\frac{1}{4}$			$\frac{3}{4}$
Prozentsatz	50 %			10 %	20 %	

6 Für drei Konzerte der *Jungen Wilden* werden 4 000 Eintrittskarten verkauft, davon 1 000 an Jugendliche unter 16 Jahren. Wie viel Prozent der Besucher sind jünger als 16 Jahre?

A: ____________________

Grundaufgaben der Prozentrechnung

1 Was musst du berechnen: den Prozentwert, den Prozentsatz oder den Grundwert? Schreibe die Frage auf, dann rechne.

A

F: ______________________________

A: ______________________________

B

F: ______________________________

A: ______________________________

C

F: ______________________________

A: ______________________________

D

F: ______________________________

A: ______________________________

Prozentuale Zunahme und prozentuale Abnahme

1 Wie viel Euro sind für jedes Fahrrad zu zahlen?
Vervollständige die Rechnung und schreibe einen Antwortsatz.

A

Ein Fahrrad kostet mit Grundausstattung 480 €.
Mit Sonderausstattung kostet das Fahrrad 20 % mehr.

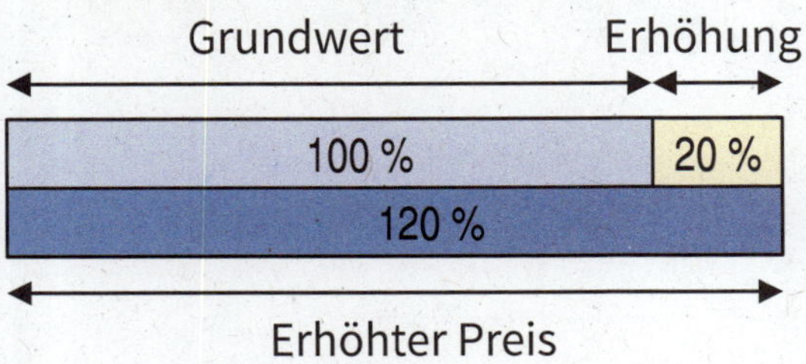

%	€
100	
1	
120	

A: ______________________

B

Im letzten Jahr kostete ein Fahrrad 560 €. In diesem Jahr gibt der Händler einen Nachlass von 20 %.

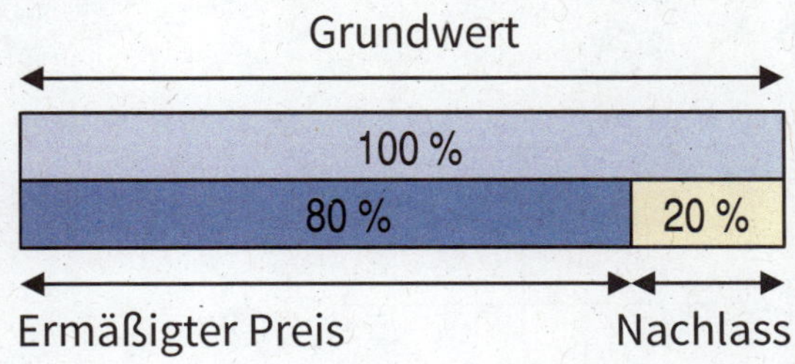

%	€
100	
1	
80	

A: ______________________

2 Berechne die Verkaufspreise.

A

Verkaufspreis: ______________________

B

Verkaufspreis: ______________________

Rabatt und Skonto

1 Berechne die neuen Preise.

a) **Jeans**

%	€

Neuer Preis: ______________________

b) **Pullover**

%	€

Neuer Preis: ______________________

c) **Jacke**

%	€

Neuer Preis: ______________________

d) **Kleid**

%	€

Neuer Preis: ______________________

2 Berechne die Preise bei Barzahlung.

a) **Bett**

%	€

Preis bei Barzahlung: ______________________

b) **Jugendzimmer**

%	€

Preis bei Barzahlung: ______________________

Brutto und netto

1 Landwirt Berger füllt Kartoffeln in Holzkisten. Die Waage zeigt das Gewicht der Kartoffeln und der Kiste an. Trage die Gewichte in die Tabelle ein.

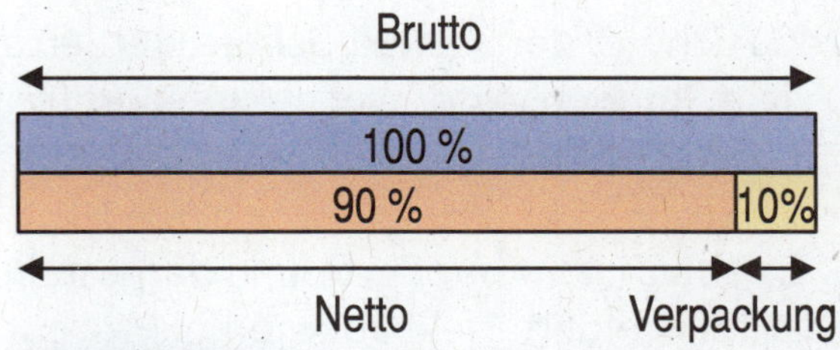

Brutto	Holzkiste mit Kartoffeln	kg
Netto	Kartoffeln	kg
Verpackung	Holzkiste	kg

2 Eine Kiste mit Äpfeln wiegt 15 kg. Die Kiste wiegt 8 % des Bruttogewichts.

a) Wie viel kg wiegt die Kiste?

A: ______________________

b) Wie viel kg beträgt das Nettogewicht?

A: ______________________

3 Wahr oder falsch? Kreuze an.

	w	f
Das Bruttogewicht ist immer größer als das Nettogewicht.		
Nettogewicht plus Gewicht der Verpackung gleich Bruttogewicht.		
Das Nettogewicht ist immer die Hälfte des Bruttogewichts.		
Bruttogewicht minus Gewicht der Verpackung gleich Nettogewicht.		

4 Beim Kaufen von Waren muss man zum Nettopreis die Mehrwertsteuer addieren und erhält dadurch den Bruttopreis. Für die meisten Waren sind dies zurzeit 19 %. Für Lebensmittel muss man nur 7 % zahlen.

a) Berechne die Mehrwertsteuer.

b) Berechne den Bruttopreis.

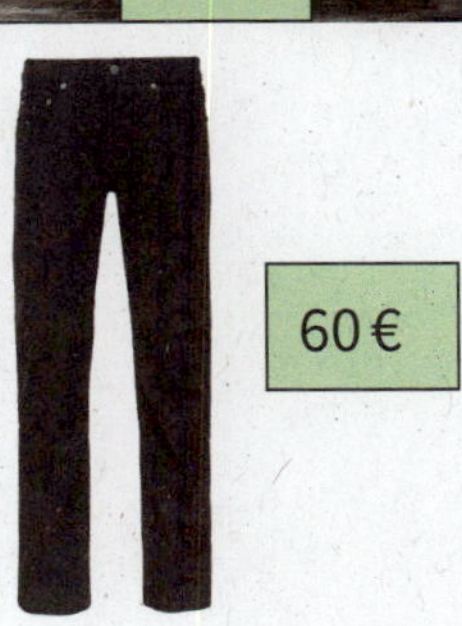

Vermischte Übungen

1 Die 400 Schüler der Seefeld-Schule wurden gefragt, wie viele Stunden in der Woche sie Sport treiben.

0 bis 1 Std.	1 bis 5 Std.	mehr als 5 Std.

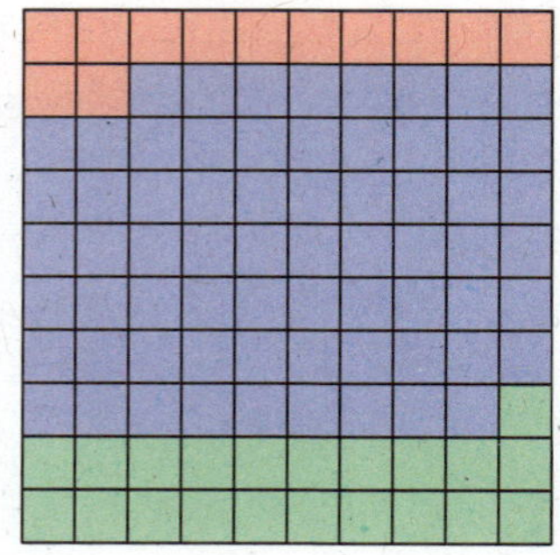

Das Ergebnis ist im Hunderterfeld dargestellt.
a) Lies am Hunderterfeld ab, wie viel Prozent der Schüler jede der drei Antworten gaben.
b) Berechne für jede der drei Antworten die Anzahl der Schüler.

0 bis 1 Std. ____ %

%	Schüler
100	400
1	

____ Schüler

1 bis 5 Std. ____ %

%	Schüler

____ Schüler

Mehr als 5 Std. ____ %

%	Schüler

____ Schüler

2 Beim Wintersporttag der Steintor-Schule gingen 270 Schüler zum Schlittschuhlaufen. Das waren 90 % aller Schüler dieser Schule.
Wie viele Schüler besuchen die Steintor-Schule?

A: ____

%	Schüler

3 Eine Kiste mit Birnen wiegt 12 kg. Die Kiste wiegt 5 % des Bruttogewichts.
a) Wie viel kg wiegt die Kiste?

A: ____

b) Wie viel kg beträgt das Nettogewicht?

A: ____

4

a) Wie viel Euro beträgt der Rabatt?

A: ____

b) Wie viel Euro beträgt der ermäßigte Preis?

A: ____

3 Zinsrechnung

Zinsrechnung als Anwendung der Prozentrechnung

1 Trage die passenden Begriffe ein.

Guthaben
Kredit
Darlehen
Sparkonto

a) Jenny spart für ein Mofa. Sie zahlt 50 € auf ihr ________________ ein.

b) Für die Anschaffung einer Maschine nimmt Maurermeister Biel ein ________________ von 12 000 € auf.

c) Frau und Herr Lenz möchten ein Haus kaufen. Von der Bank bekommen sie einen ________________ von 200 000 €.

d) Frau Oruc hat auf ihrem Girokonto ein ________________ von 1 200 €.

Die Zinsrechnung ist eine Anwendung der Prozentrechnung.

Prozentrechnung:	Grundwert 500 €	Prozentsatz 3 %	Prozentwert 3 % von 500 € = 15 €
Zinsrechnung:	**Kapital**	**Zinssatz**	**Jahreszinsen**

2 Wer Geld anlegt bekommt Zinsen.
Berechne die Zinsen für ein Jahr. Der Zinssatz ist immer 3 %.

a) Kapital: 400 €

	%	€	
	100	400	
: 100			: 100
· 3			· 3

Zinsen für ein Jahr: ____ €

b) Kapital: 900 €

%	€

Zinsen für ein Jahr: ____ €

c) Kapital: 2 500 €

%	€

Zinsen für ein Jahr: ____ €

3 Berechne im Kopf die Zinsen für ein Jahr. Das Kapital beträgt 8 000 €.

a) Der Zinssatz ist 1 %. Zinsen: ____________

b) Der Zinssatz ist 3 %. Zinsen: ____________

4 Berechne die Zinsen für ein Jahr.

a) Guthaben: 760 €

Zinssatz: 2 %

%	€

b) Guthaben: 8 980 €

Zinssatz: 5 %

%	€

Zinsen für ein Jahr: ____________ €

Zinsen für ein Jahr: ____________ €

Grundaufgaben der Zinsrechnung

1 Wenn man bei einer Bank Geld leiht, muss man Zinsen zahlen.
Das geliehene Geld nennt man Kredit. Berechne die Zinsen für ein Jahr.

a)

%	€

b)

%	€

2 Frau Bauer leiht bei der Bank 500 €.
Die Jahreszinsen betragen 60 €.
Wie hoch ist der Zinssatz?

€	%
500	

A: ______________________________

3 Berechne die Höhe des Kredits.

a) Für eine neue Küche leiht Herr Daniele Geld bei der Bank zum Zinssatz von 8%. Er zahlt 240 € Jahreszinsen.

Höhe des Kredits: ______________

%	€

b) Frau Yilmaz leiht bei der Bank Geld für ein Motorrad. Der Zinssatz beträgt 7%. Frau Yilmaz zahlt 280 € Jahreszinsen.

Höhe des Kredits: ______________

%	€

4 Herr Tabor und Frau Wang leihen beide 2000 € bei der Bank. Herr Tabor erhält seinen Kredit mit einem Zinssatz von 10%.
Frau Wang zahlt 250 € Jahreszinsen.
Wer erhält den günstigeren Kredit?

A: ______________________________

Tageszinsen

Ein Bankjahr hat 360 Tage.

1 Herr Veith legt 24 000 € bei der Bank an. Der Zinssatz beträgt 1,5 %. Nach 70 Tagen hebt er das Geld ab, um eine Rechnung zu bezahlen. Wie viel Euro Zinsen bekommt er für diese Zeit? Berechne zunächst die Jahreszinsen, dann die Tageszinsen für 70 Tage.

Jahreszinsen

%	€
100	24 000

Tageszinsen

Tage	€
360	
1	
70	

A: ______________________

2 Berechne zunächst die Jahreszinsen, dann die Tageszinsen für die angegebene Zeit.

A
Kapital 60 000 €
Zinssatz 1,2 %
Zeit 55 Tage

B
Kredit 2 400 €
Zinssatz 7,5 %
Zeit 234 Tage

C
Kapital 15 000 €
Zinssatz 2,4 %
Zeit 325 Tage

A

Jahreszinsen

%	€

Tageszinsen

Tage	€

Tageszinsen: ______________________

B

Jahreszinsen

%	€

Tageszinsen

Tage	€

Tageszinsen: ______________________

C

Jahreszinsen

%	€

Tageszinsen

Tage	€

Tageszinsen: ______________________

Arbeiten mit dem Computer: Zinsrechnung

1 Erstelle das Rechenblatt in einem Tabellenkalkulationsprogramm auf deinem Computer.

	A	B	C
1	**Berechnung der Jahreszinsen**		
2			
3	Kapital	1.800 €	
4	Zinssatz	1,20%	
5	Zinsen		
6			
7	Guthaben am Jahresende		
8			

Hier trägst du die Formel zur Bestimmung der Jahreszinsen ein:
=B3*B4
und bestätigst mit Enter.

2 Welche Formel musst du zur Bestimmung des Guthabens am Jahresende in B7 eingeben? Kreuze an und ergänze am Computer.

☐ =B3+B4   ☐ =B3*B5   ☐ =B3+B5   ☐ =B4*B5

3 Verändere die Werte für Kapital und Zinssatz am Computer und ergänze die Tabellen im Arbeitsheft.

	A	B	C
1	**Berechnung der Jahreszinsen**		
2			
3	Kapital	2.700 €	
4	Zinssatz	1,50%	
5	Zinsen		
6			
7	Guthaben am Jahresende		
8			

	A	B	C
1	**Berechnung der Jahreszinsen**		
2			
3	Kapital	4.370 €	
4	Zinssatz	1,70%	
5	Zinsen		
6			
7	Guthaben am Jahresende		
8			

4 Die Anzahl der Dezimalstellen kann man am Computer einstellen.
Mit diesen Schaltflächen kannst du

←,0 ,00 Dezimalstellen hinzufügen, (das Ergebnis wird genauer.)

,00 →,0 Dezimalstellen löschen, (das Ergebnis wird ungenauer.)

a) Übertrage das Rechenblatt und berechne auf 4 Dezimalstellen.

	A	B	C
1	**Berechnung der Jahreszinsen**		
2			
3	Kapital	5.373 €	
4	Zinssatz	1,90%	
5	Zinsen		
6			
7	Guthaben am Jahresende		
8			

b) Übertrage das Rechenblatt und berechne auf 1 Dezimalstelle.

	A	B	C
1	**Berechnung der Jahreszinsen**		
2			
3	Kapital	3.865 €	
4	Zinssatz	0,90%	
5	Zinsen		
6			
7	Guthaben am Jahresende		
8			

5 Für ein Kapital von 3 200 € erhält Bernd 48 € Jahreszinsen.
Welchem Zinssatz entspricht das? Kreuze an und überprüfe.

☐ 2 %   ☐ 5 %   ☐ 1,5 %   ☐ 0,5 %

Arbeiten mit dem Computer: Zinsrechnung

1 Jessica bekommt bei ihrer Bank einen Zinssatz von 2,2 %. Ihr Kapital beträgt 4 500 €. Nach 240 Tagen braucht sie das Geld und hebt es mit Zinsen ab. Welche Formeln stehen in B7 und in B8? Ordne zu.

______ =B6/360

______ =B7*B5

	A	B
1	**Berechnung der Tageszinsen**	
2		
3	Kapital	4.800 €
4	Zinssatz	2,20%
5	Zeit in Tagen	240
6	Jahreszinsen	105,60 €
7	Tageszinsen	0,2933 €
8	Zinsen für die Anlagezeit	70,40 €

2 a) Übertrage das Rechenblatt in ein Tabellenkalkulationsprogramm auf deinem Computer. Verwende die Formeln für die Zellen B6, B7 und B8.
b) Verändere die Werte für Kapital, Zinssatz und Zeit am Computer und ergänze die Tabellen im Arbeitsheft.

	A	B
1	**Berechnung der Tageszinsen**	
2		
3	Kapital	5.300 €
4	Zinssatz	1,80%
5	Zeit in Tagen	150
6	Jahreszinsen	
7	Tageszinsen	
8	Zinsen für die Anlagezeit	

	A	B
1	**Berechnung der Tageszinsen**	
2		
3	Kapital	2.480 €
4	Zinssatz	1,70%
5	Zeit in Tagen	210
6	Jahreszinsen	
7	Tageszinsen	
8	Zinsen für die Anlagezeit	

3 Frau Keller leiht bei der Bank 8 500 €. Die Bank verlangt 8,4 % Zinsen. Nach 300 Tagen zahlt sie den Kredit und die angefallenen Zinsen zurück.
a) Welche Formeln stehen in den Zellen B6, B7, B8 und B9? Ordne zu und übertrage die Tabelle auf deinen Computer.

	A	B
1	**Berechnung des Rückzahlungsbetrags**	
2		
3	Kredit	8.500 €
4	Zinssatz	8,40%
5	Zeit in Tagen	300
6	Jahreszinsen	714,00 €
7	Tageszinsen	1,9833 €
8	Kreditzinsen	595,00 €
9	Rückzahlungsbetrag	9.095,00 €
10		

B6	B7	B8	B9
=B7*B5	=B3+B8	=B3*B4	=B6/360

b) Nach wie viel Tagen müsste Frau Keller den Kredit spätestens zurückzahlen, damit der Rückzahlungsbetrag unter 9 000 € bleibt? Du kannst es durch Probieren am Computer herausfinden.

A: ______

Vermischte Übungen

1 Berechne die Jahreszinsen. Der Zinssatz beträgt immer 3 %.

Kapital 500 €

%	€

Kapital 1 200 €

%	€

Kapital 2 300 €

%	€

2 a) Guthaben: 890 €

Zinssatz: 2 %

%	€

Zinsen für ein Jahr: ______________ €

b) Guthaben: 2 780 €

Zinssatz: 3 %

%	€

Zinsen für ein Jahr: ______________ €

3 a) Für den Kauf eines Autos leiht Frau Lux Geld bei der Bank zum Zinssatz von 7 %.
Sie zahlt 630 € Jahreszinsen.
Berechne die Höhe des Kredits.

%	€

Höhe des Kredits: ______________

b) Für die Ausstattung seines Büros leiht Herr Watermeier bei der Bank 5 000 €.
Er zahlt 600 € Jahreszinsen.
Bereche den Zinssatz.

€	%

Zinssatz: ______________

4 Ein Kapital beträgt 14 400 €. Der Zinssatz ist 5 %. Berechne die Tageszinsen für 95 Tage.

Jahreszinsen

%	€

Tageszinsen

Tage	€

Tageszinsen: ______________________________

4 Umfang und Flächeninhalt

Grundvorstellungen zu Umfang und Flächeninhalt

1 Wie berechnest du den Umfang eines Rechtecks, wie den Flächeninhalt? Ordne zu.

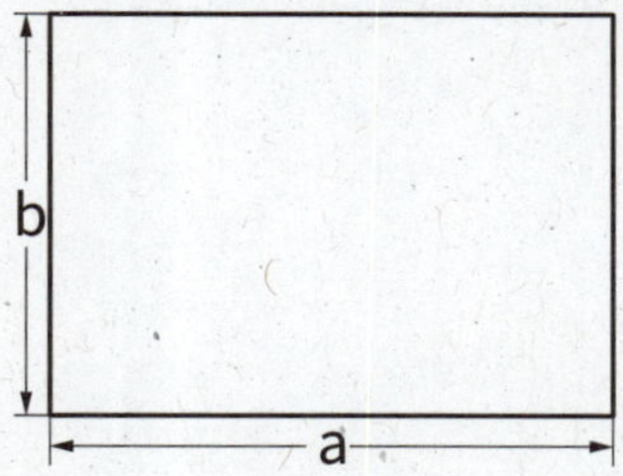

Länge mal Breite

Summe aller Seiten

Flächeninhalt

Umfang

$2 \cdot a + 2 \cdot b$

$a \cdot b$

2 Miss die Seiten a und b. Berechne Umfang und Flächeninhalt des Rechtecks.

a) a = ____ cm, b = ____ cm

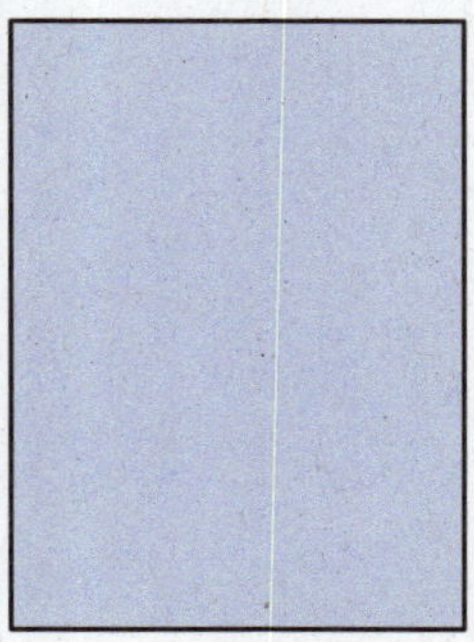

$u = 2 \cdot a + 2 \cdot b$

u = 2 · ____ cm + 2 · ____ cm

u = ______ cm

$A = a \cdot b$

A = ____ cm · ____ cm

A = ______ cm^2

b) a = ________, b = ________

u = ____________________

u = ____________________

u = ____________________

A = ____________________

A = ____________________

A = ____________________

c) a = ________, b = ________

u = ____________________

u = ____________________

u = ____________________

A = ____________________

A = ____________________

A = ____________________

3 Ergänze die fehlenden Werte für das Rechteck.

	a)	b)	c)	d)	e)	f)
Länge (a)	2 cm	5 cm	8 cm	10 cm	10 cm	
Breite (b)	7 cm	8 cm				5 cm
Flächeninhalt (A)			16 cm^2	40 cm^2		
Umfang (u)					40 cm	30 cm

4 Ein Quadrat hat den Flächeninhalt 9 cm^2. Wie lang sind die Seiten des Quadrats? Wie groß ist sein Umfang?

A: ____

Flächeninhalt und Umfang eines Rechtecks

1 u oder A? Was muss berechnet werden? Kreuze an.

		Umfang	Flächeninhalt
a)	Ein Zimmer wird mit Teppichboden ausgelegt.		
b)	Die Wand einer Fabrikhalle wird gestrichen.		
c)	Ein Baugrundstück wird mit einem Sicherheitszaun umgeben.		
d)	Der Sportverein benötigt Rollrasen für das Fußballfeld.		
e)	Ein Bild erhält einen Rahmen aus Holzleisten.		
f)	Ein Getreidefeld wird gedüngt.		

2 Familie Özkan hat einen Kleingarten gepachtet.

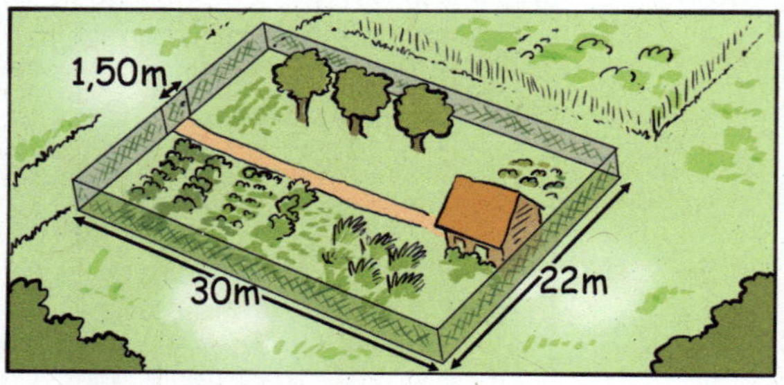

a) Berechne die Fläche des Gartens. Fläche des Gartens: ______

b) Berechne die Länge des Zaunes ohne das 1,50 m breite Tor. Zaunlänge: ______

3 Familie Berg plant einen Ausbau der Terrasse.

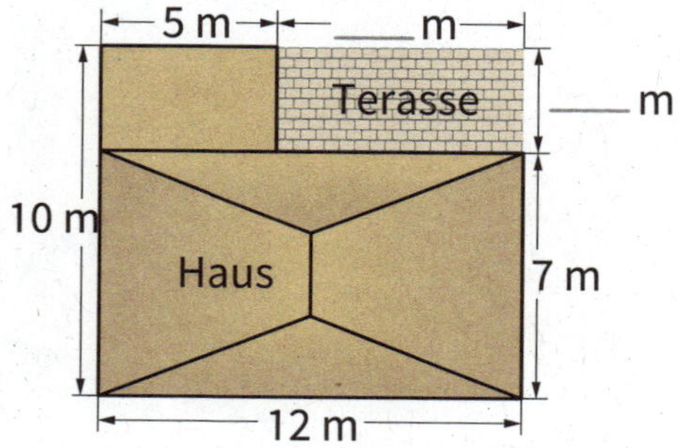

a) Ergänze die fehlenden Maße im Plan.

b) Berechne die Fläche der Terrasse. Fläche der Terrasse: ______

c) Jede Seite der Terrasse wird um 1 m verlängert. Schreibe die neuen Maße auf, dann berechne die neue Fläche.

Neue Länge: ______ Neue Breite: ______ Neue Fläche: ______

4 Wie viel Euro kostet der Teppichboden für das Wohnzimmer?

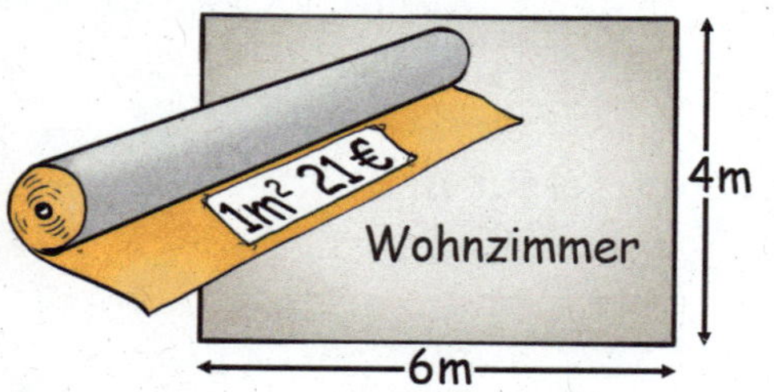

A: ______

Flächeninhalt eines Parallelogramms

1 Tina hat ein Parallelogramm zerschnitten. Aus den Teilen hat sie ein Rechteck gelegt.

Wie lang sind die Seiten a und b des Rechtecks? Trage ein. Dann ergänze den Text.

a) Die Grundseite g des Parallelogramms ist genauso lang wie die Seite ____ des Rechtecks.

b) Die Höhe h des Parallelogramms ist genauso lang wie die Seite ____ des Rechtecks.

c) Der Flächeninhalt des Parallelogramms ist genauso groß wie der Flächeninhalt des

________________________.

2 Zeichne die Höhe ein. Miss Grundseite und Höhe. Berechne den Flächeninhalt.

a) g = ____ cm, h = ____ cm b) g = ____ cm, h = ____ cm c) g = ____ cm, h = ____ cm

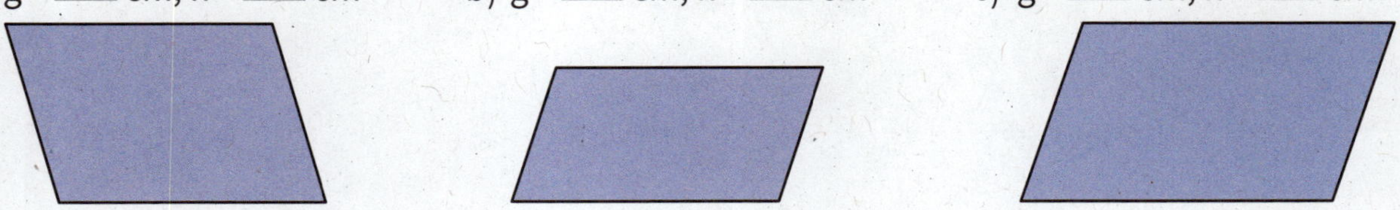

a) A = g · h
A = ______ · ______
A = ______ cm²

b) A = ______________
A = ______________
A = ______________

c) A = ______________
A = ______________
A = ______________

3 Berechne den Flächeninhalt der Parallelogramme. Was fällt dir auf?

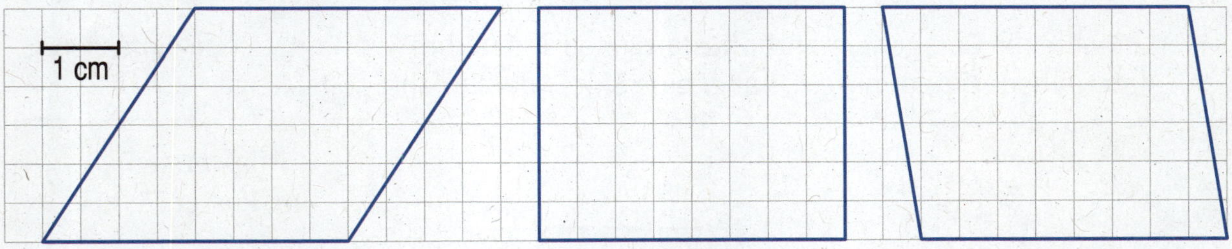

A = ______________ A = ______________ A = ______________
A = ______________ A = ______________ A = ______________
A = ______________ cm² A = ______________ A = ______________

A: ____

4 Ergänze den fehlenden Wert für das Parallelogramm.

	a)	b)	c)	d)	e)	f)
Grundseite (g)	2 cm	15 cm	40 cm	3 cm		
Höhe (h)	6 cm	3 cm	50 cm		4 cm	5 cm
Flächeninhalt (A)				6 cm²	8 cm²	10 cm²

Flächeninhalt und Umfang eines Parallelogramms

1 Berechne Umfang und Flächeninhalt der Wiese.

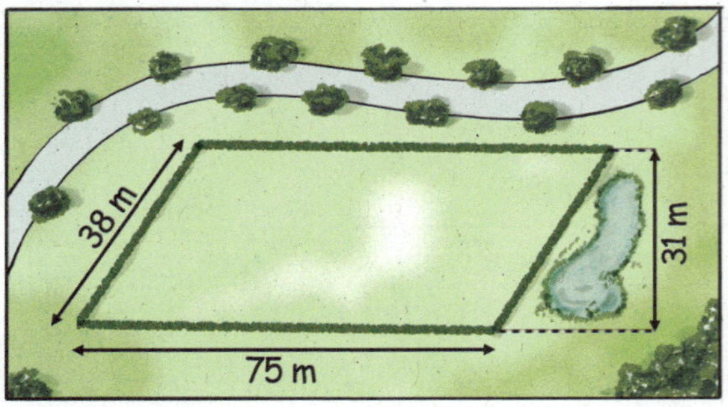

u = ____________ A = ____________

2 Berechne die Größe der Parkplätze.

A = ____________ A = ____________ A = ____________ A = ____________

3 Herr Merl möchte die Garageneinfahrt pflastern und rund herum mit Kantsteinen einfassen. Um den Materialbedarf zu ermitteln, hat er eine Skizze der Einfahrt angefertigt.

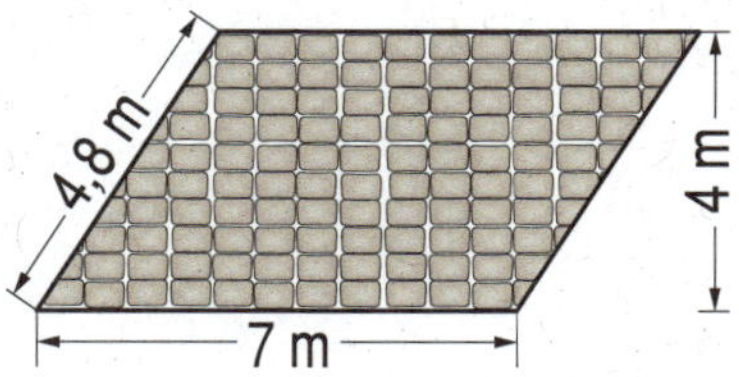

Pflastersteine
1 m² kostet 25,95 €.

Kantsteine
1 m kostet 9,90 €.

a) Wie viel m² Pflastersteine werden benötigt?

A: ____________

b) Wie viel m Kantsteine werden benötigt?

A: ____________

c) Wie hoch sind die gesamten Materialkosten?

A: ____________

Flächeninhalt eines Dreiecks

1

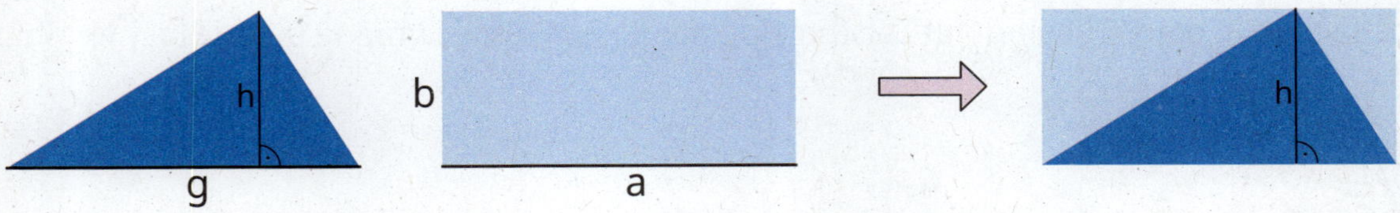

Ein Dreieck und ein Rechteck aus Transparentpapier liegen übereinander. Ergänze den Text.

a) Die Grundseite g des Dreiecks ist genauso lang wie die Seite ___ des Rechtecks.

b) Die Höhe h des Dreiecks ist genauso lang wie die Seite ___ des Rechtecks.

c) Der Flächeninhalt des _______ ist halb so groß wie der Flächeninhalt des _______.

2 Berechne den Flächeninhalt des Dreiecks.

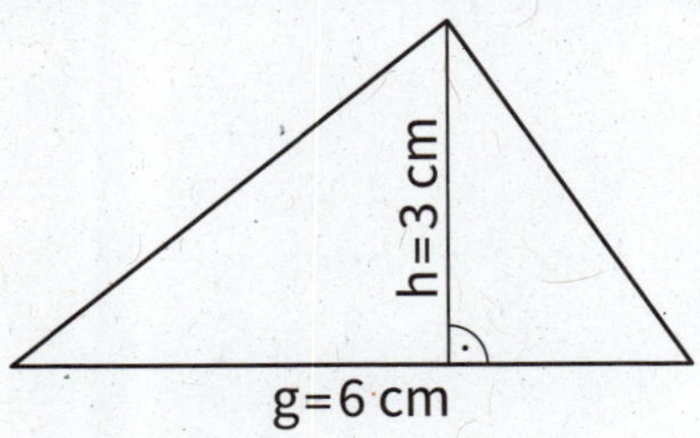

$A = \frac{g \cdot h}{2}$

$A = \frac{\_\_\_ \text{ cm} \cdot \_\_\_ \text{ cm}}{2}$

A = _______ cm^2

3 Zeichne die Höhe ein. Miss Grundseite und Höhe. Berechne den Flächeninhalt des Dreiecks.

a) g = ___ cm, h = ___ cm

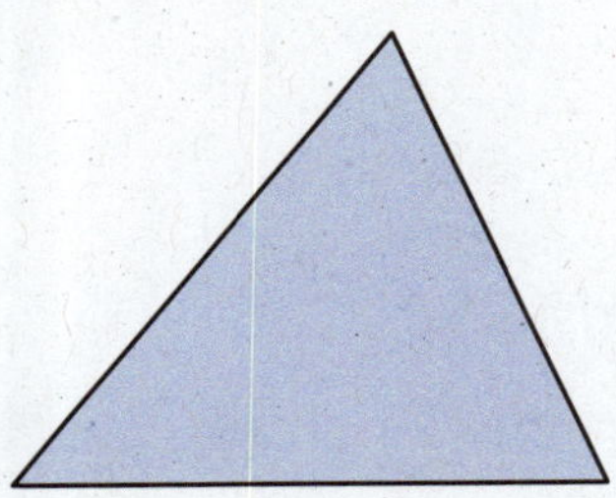

$A = \frac{g \cdot h}{2}$

$A = \frac{\_\_\_ \text{ cm} \cdot \_\_\_ \text{ cm}}{2}$

A = _______ cm^2

b) g = ___ cm, h = ___ cm

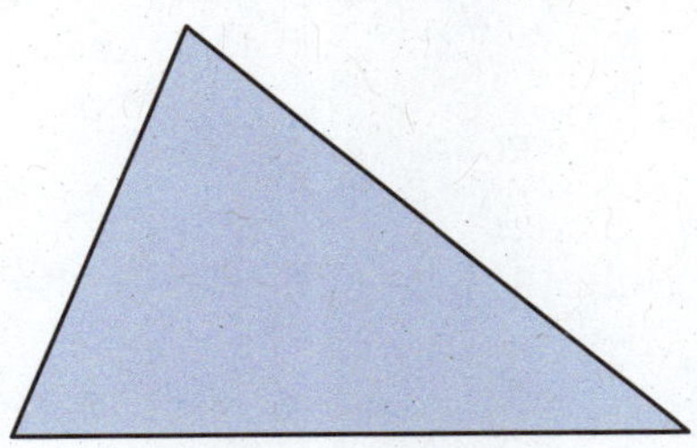

A = ____________

A = ____________

A = ____________

c) g = ___ cm, h = ___ cm

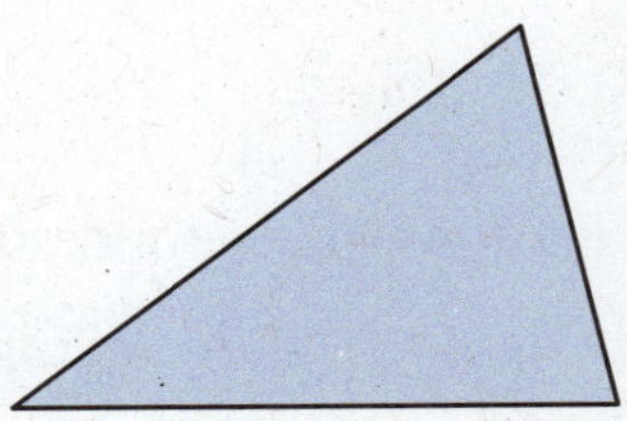

A = ____________

A = ____________

A = ____________

4 Berechne den Flächeninhalt der Dreiecke. Was fällt dir auf?

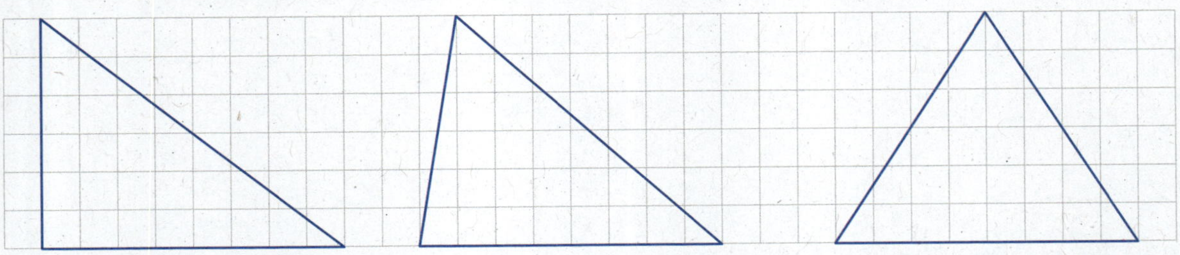

$A = \frac{g \cdot h}{2}$

$A = \frac{\_\_\_ \text{ cm} \cdot \_\_\_ \text{ cm}}{2}$

A = _______ cm^2

A = ____________

A = ____________

A = ____________

A = ____________

A = ____________

A = ____________

A: ____

Flächeninhalt und Umfang eines Dreiecks

1 Die Glasflächen in einer Tür sind mit Leisten eingefasst. Berechne Umfang u und Flächeninhalt A.

a)

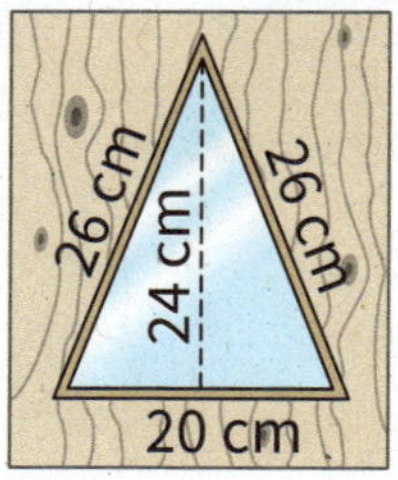

u = ______ A = ______

u = ______ A = ______

u = ______ A = ______

b)

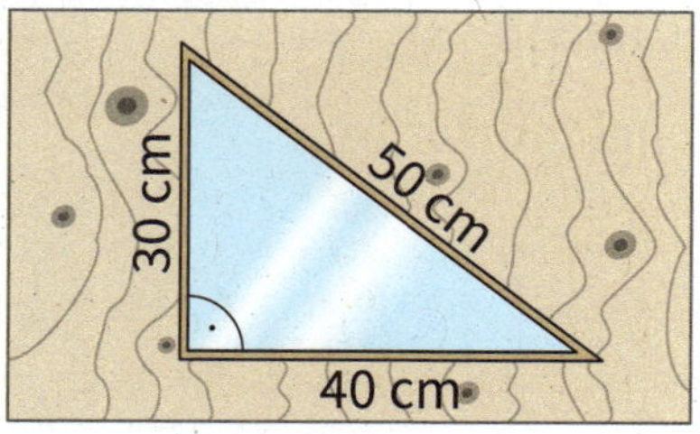

u = ______ A = ______

u = ______ A = ______

u = ______ A = ______

2 Berechne die fehlende Angabe für die Regatta.

a) auf der Ostsee

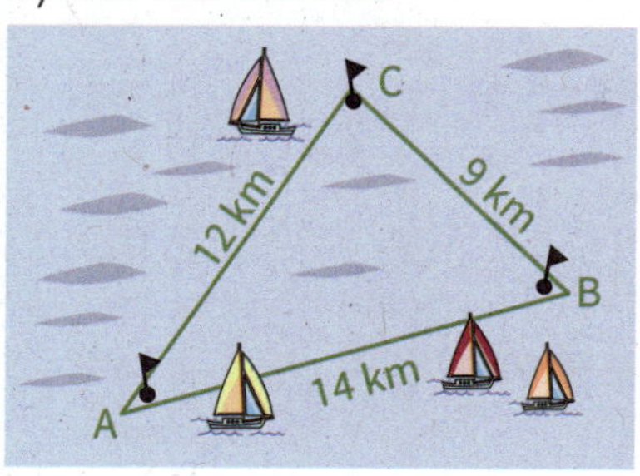

Gesamtlänge: ______

b) auf der Nordsee

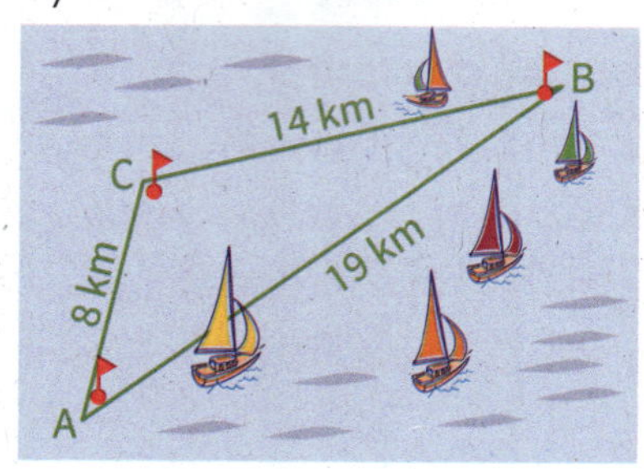

Gesamtlänge: ______

c) auf dem Bodensee

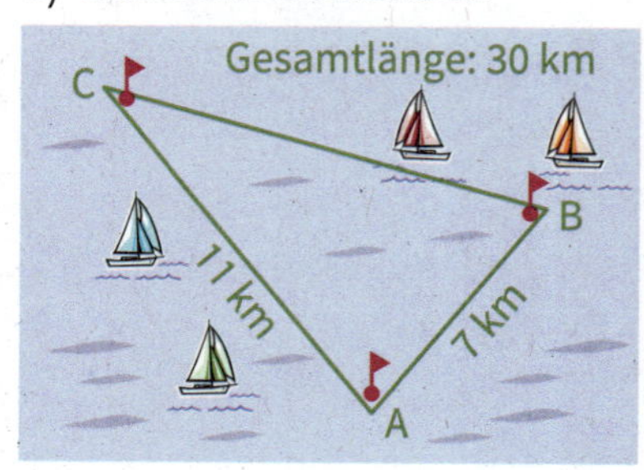

Von B nach C: ______

3 Am Fluss werden Grundstücke bebaut. Berechne die Größe der Grundstücke.

a)

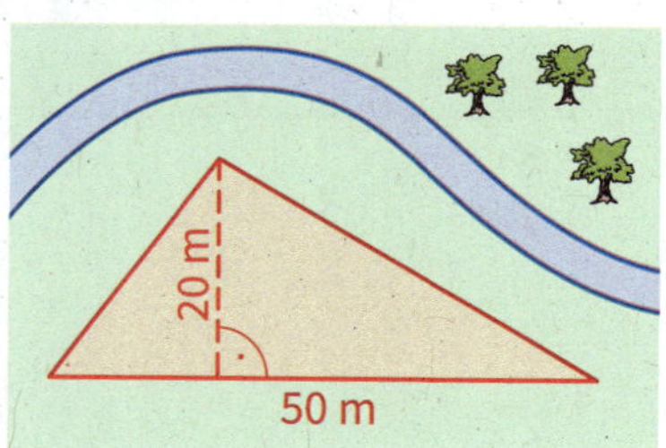

Grundstücksgröße: ______

b)

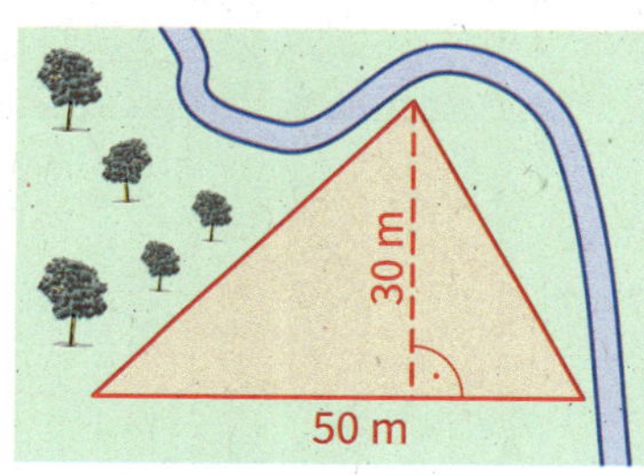

Grundstücksgröße: ______

c)

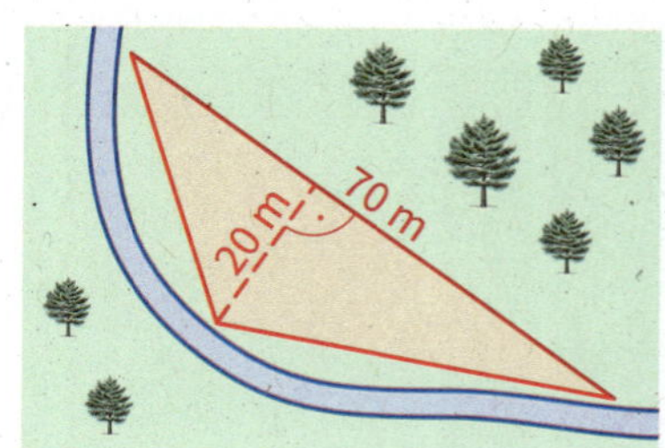

Grundstücksgröße: ______

4 Berechne den Flächeninhalt der Dreiecke.

	a)	b)	c)	d)	e)	f)
Grundseite g	2 cm	15 cm	40 cm	30 cm	80 cm	100 cm
Höhe h	7 cm	8 cm	70 cm	6 cm	40 cm	50 cm
Flächeninhalt A						

Flächeninhalt eines Trapezes

1 Jan hat zwei deckungsgleiche Trapeze zu einem Parallelogramm zusammengelegt.

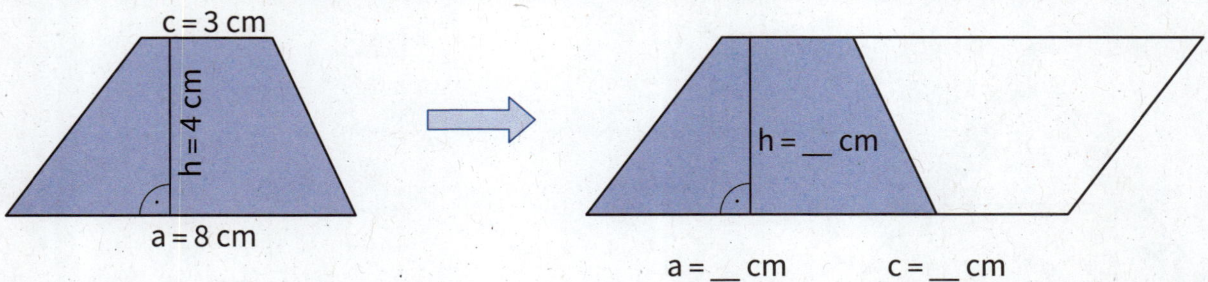

Trage im Parallelogramm die fehlenden Werte für a, c und h ein. Dann ergänze den Text.

Die Höhe h des Parallelogramms ist genauso lang wie die Höhe h des ______________ .

Die Grundseite g des Parallelogramms ist so lang wie die Summe der Seiten ______________ des Trapezes.

Der Flächeninhalt des Trapezes ist halb so groß wie der Flächeninhalt des ______________ .

2 Berechne den Flächeninhalt des Trapezes.

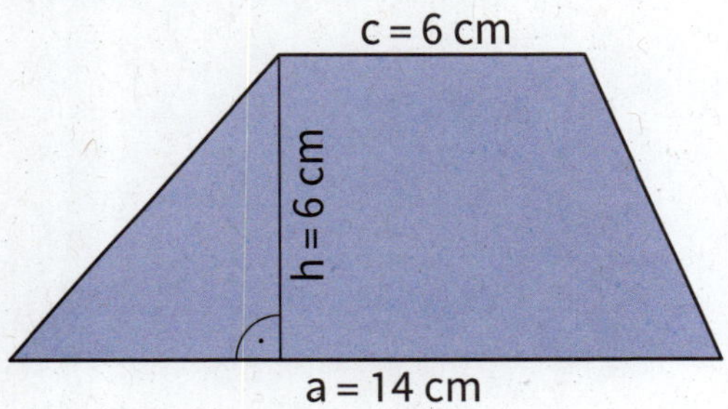

$A = \frac{(a + c) \cdot h}{2}$

A = ______________

A = ______ cm²

3 Zeichne die Höhe ein. Miss die Seiten a und c und die Höhe.
Berechne den Flächeninhalt des Trapezes.

a) a = ____ cm
c = ____ cm
h = ____ cm

b) a = ____ cm
c = ____ cm
h = ____ cm

c) a = ____ cm
c = ____ cm
h = ____ cm

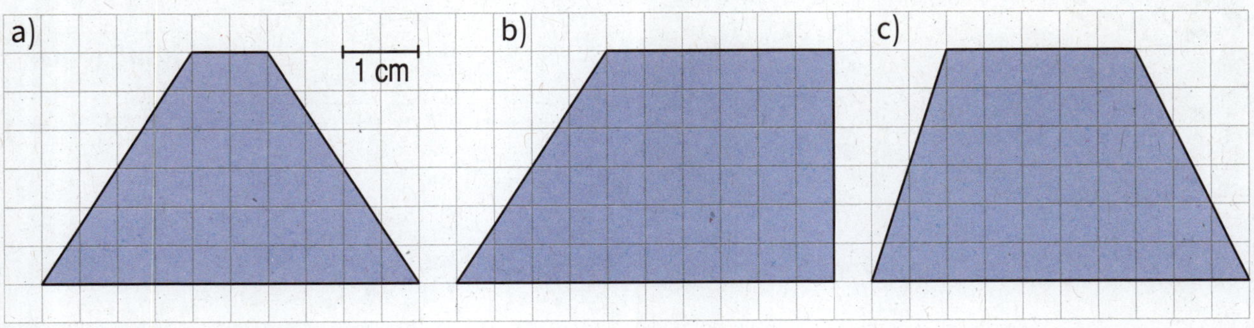

a) $A = \frac{(a + c) \cdot h}{2}$

A = ______________

A = ______ cm²

b) A = ______________

A = ______________

A = ______________

c) A = ______________

A = ______________

A = ______________

Flächeninhalt und Umfang eines Trapezes

1 Ein Teil des Giebels wird mit Brettern verschalt. Berechne die Größe dieser Fläche.

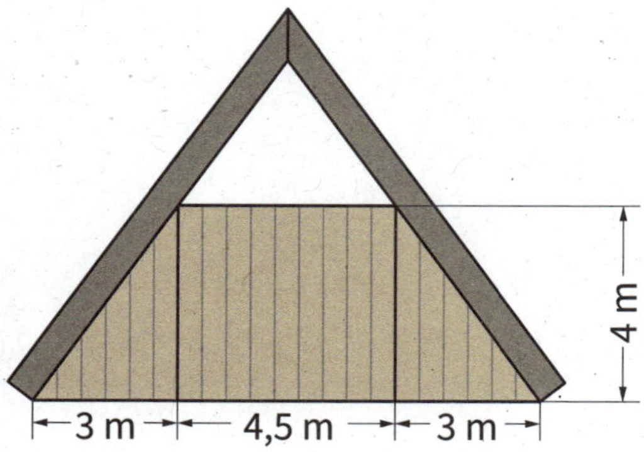

Größe der verschalten Fläche = ____________

2 Berechne Umfang und Flächeninhalt des Fensters.

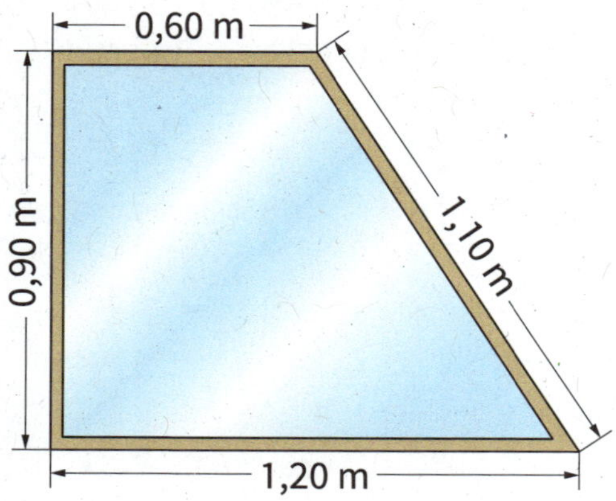

3 Frau Hinrich plant die Neugestaltung der Terrasse vor dem Haus.

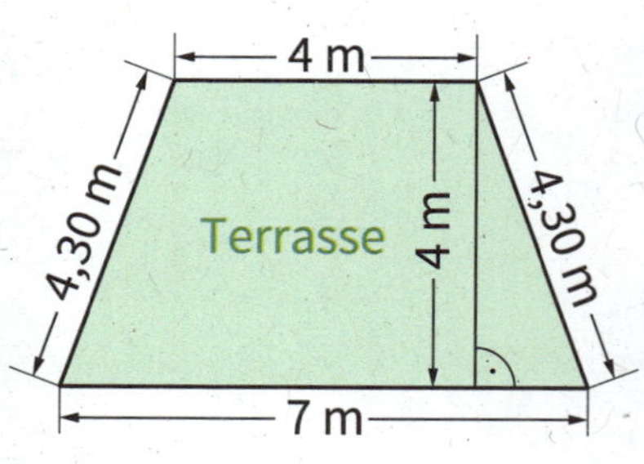

Pflastersteine
1 m^2 kostet
22,90 €

Kantsteine
1 m kostet
12,90 €

a) Wie viel m^2 Pflastersteine werden benötigt?

A: ____________

b) Wie viel m Kantsteine werden benötigt?

A: ____________

c) Wie hoch sind die Materialkosten?

A: ____________

Üben

1 Die Seitenfläche einer Fabrikhalle soll gestrichen werden. Berechne die Größe der Fläche.

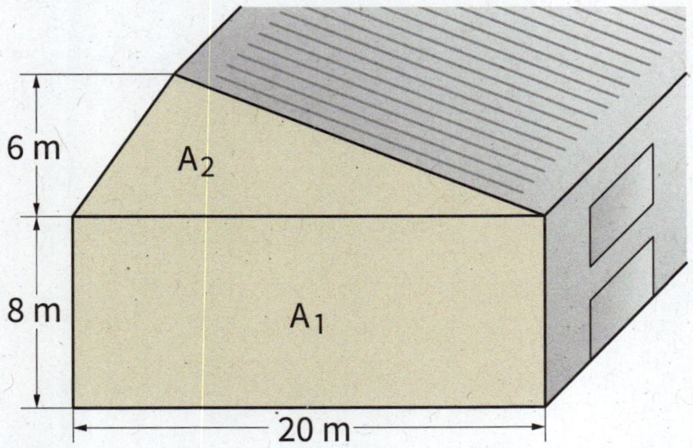

Fläche A_1	Fläche A_2	Gesamtfläche
$A_1 = a \cdot b$	$A_2 = \frac{g \cdot h}{2}$	$A = A_1 + A_2$
$A_1 =$ ______ · ______	$A_2 = \frac{\text{\_\_\_\_\_\_} \cdot \text{\_\_\_\_\_\_}}{2}$	$A =$ ____________
$A_1 =$ ____________	$A_2 =$ ____________	$A =$ ____________

2 Zerlege die Figur in Teilflächen. Berechne den Flächeninhalt der Figur.

a)

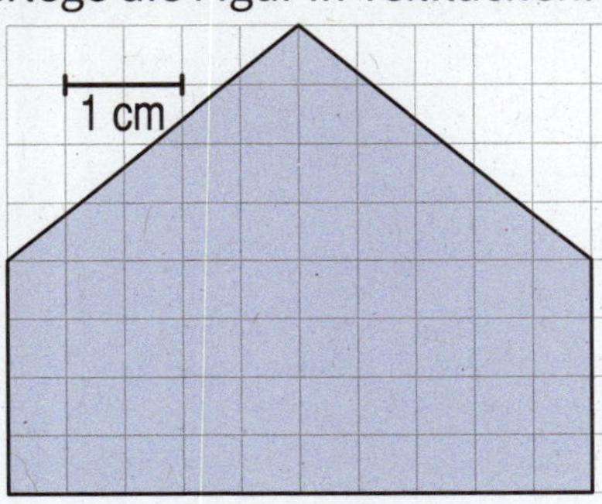

Flächeninhalt der Figur: A = ____________

b)

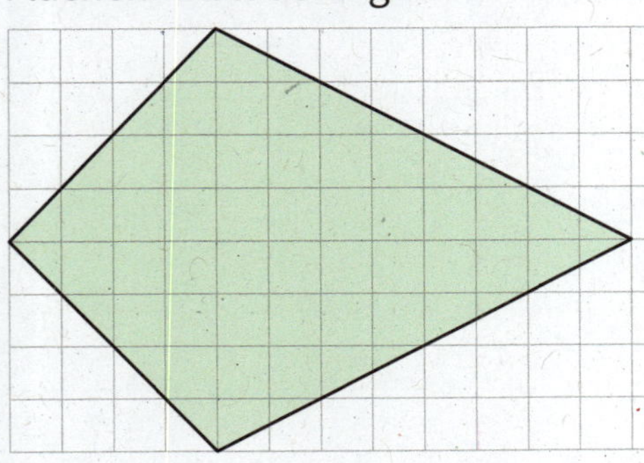

Flächeninhalt der Figur: A = ____________

c)

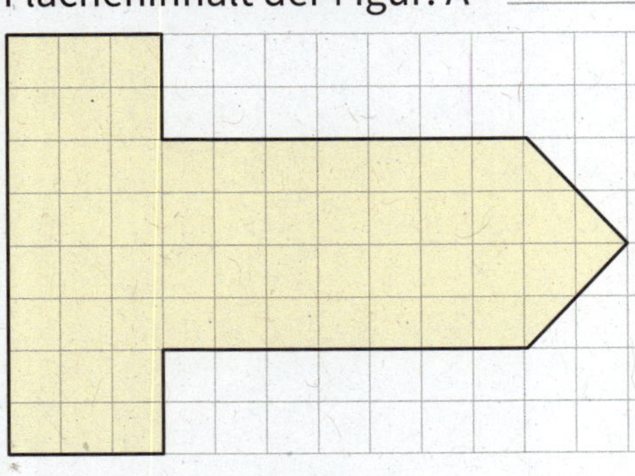

Flächeninhalt der Figur: A = ____________

Üben: Sachaufgaben

1 Wie viel cm^2 Blech werden für das Hinweisschild benötigt?

A: ______________________________

2 Wie groß ist der Flächeninhalt des Drachens?

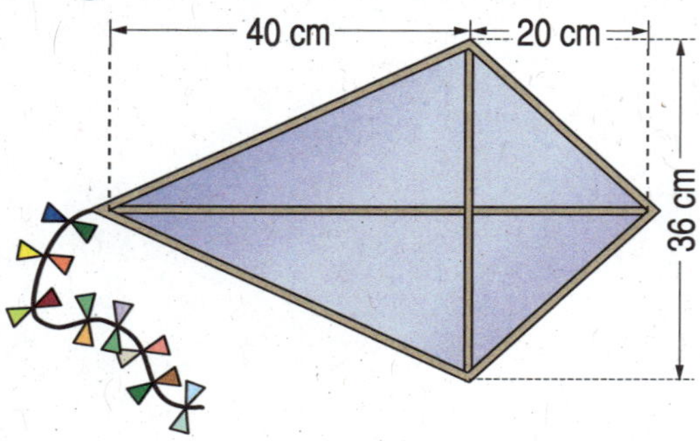

A: ______________________________

3 Nadja hat beim Fußballspiel eine Scheibe des Nachbarhauses getroffen.
Wie viel cm^2 Glas werden benötigz?

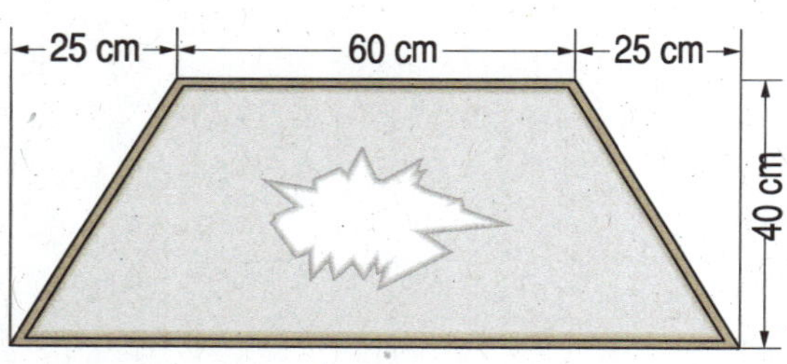

A: ______________________________

4 Wie viel cm^2 Stoff werden für die Herstellung der Flagge benötigt?

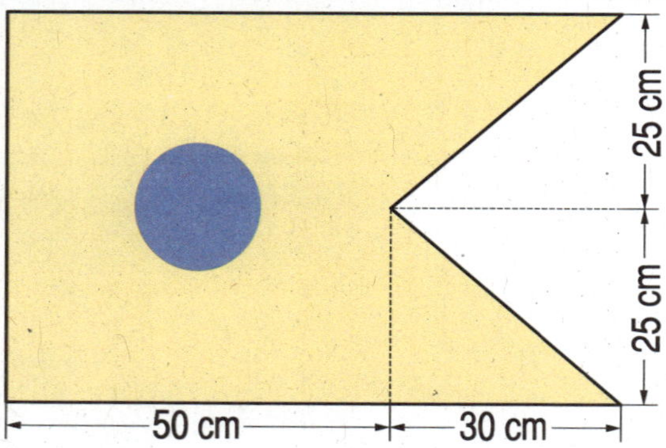

A: ______________________________

Üben: Sachaufgaben

1 Familie Ercan baut ein Haus auf dem Grundstück. Berechne den Flächeninhalt des Grundstücks und die Länge des Zaunes.

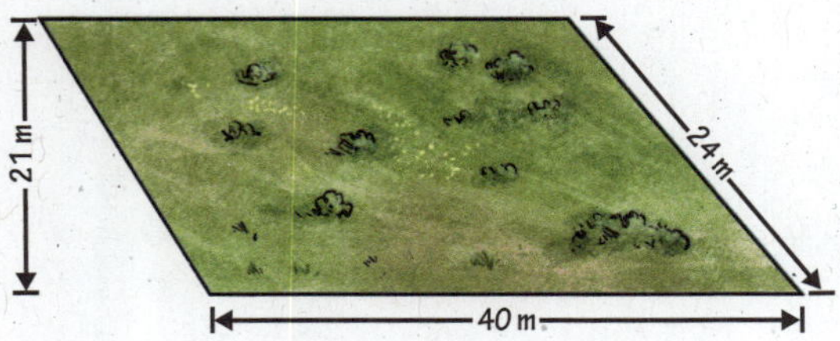

Flächeninhalt des Grundstücks: ______ Länge des Zaunes: ______

2 In einer Möbelfabrik werden verschiedene Platten für Tische hergestellt.
Berechne den Flächeninhalt der Tischplatten.

a)

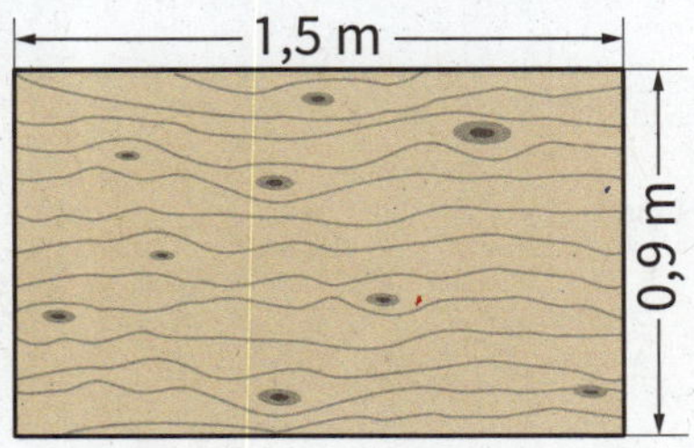

Größe der Tischplatte: ______

b)

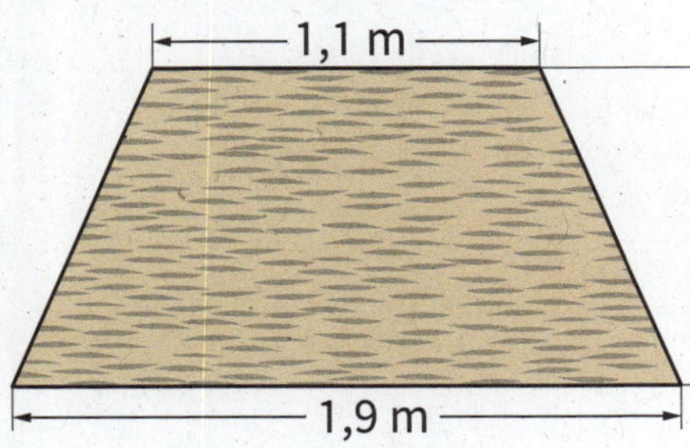

Größe der Tischplatte: ______

3 Wie viel cm^2 Blech werden für das Schild benötigt?

a)

benötigtes Blech: ______

b)

benötigtes Blech: ______

Vermischte Übungen

1 Ordne richtig zu.

$A = g \cdot h$	Rechteck	$u = a + b + c$
$A = a \cdot b$	Parallelogramm	$u = 2 \cdot a + 2 \cdot b$
$A = \frac{g \cdot h}{2}$	Trapez	$u = a + b + c + d$
$A = \frac{(a + c) \cdot h}{2}$	Dreieck	$u = 2 \cdot a + 2 \cdot b$

2 Wie viel cm^2 Eisenblech werden für das Schild benötigt?

a)
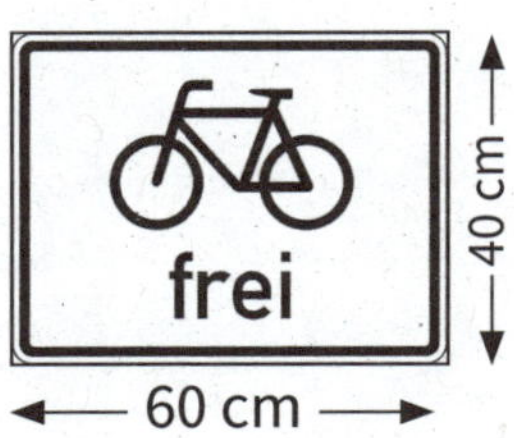

b)

c)
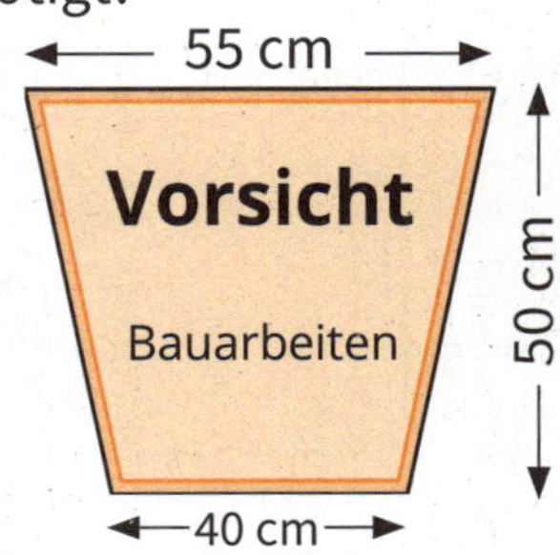

d)

A = ________ cm^2 A = ________ cm^2 A = ________ cm^2 A = ________ cm^2

3 Zerlege die Figur in Teilflächen. Berechne den Flächeninhalt der Figur.

a)
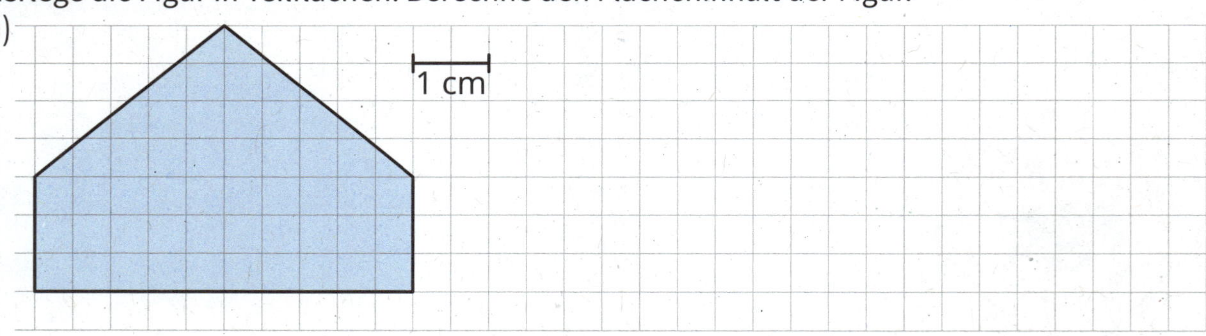

Flächeninhalt der Figur: A = ____________________

b)
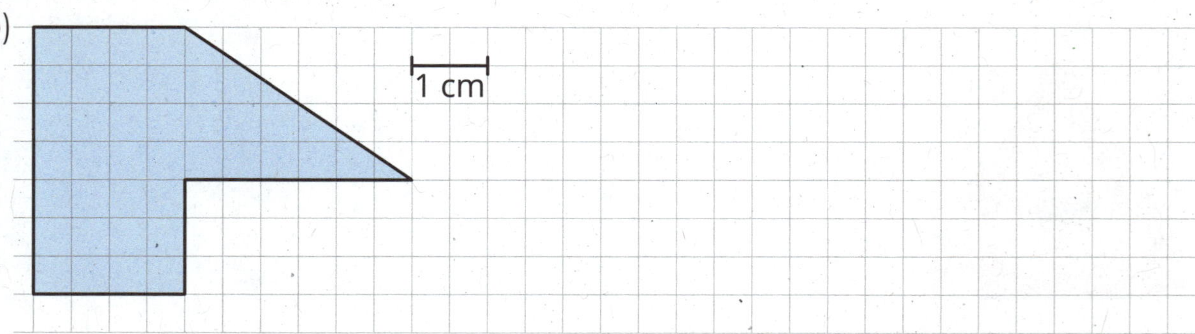

Flächeninhalt der Figur: A = ____________________

5 Funktionale Zusammenhänge

Graphische Darstellung von Zuordnungen

1 Welcher Text passt zum Schaubild? Ordne zu.

(1) Je mehr Arbeiter, desto weniger Zeit.

(2) Je mehr Kilometer, desto mehr Benzin.

(3) Die Temperatur sinkt zuerst, dann steigt sie.

(A)

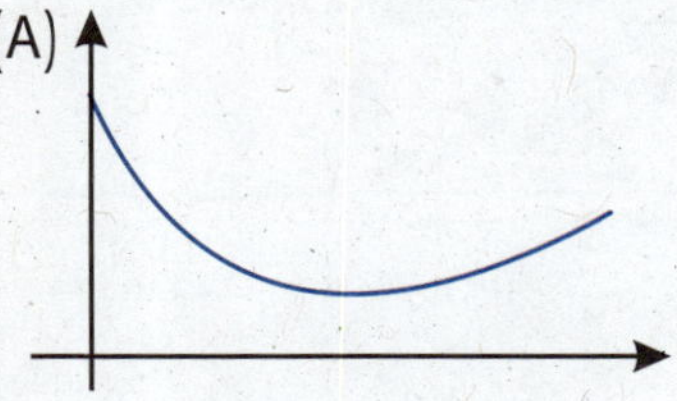

(B)

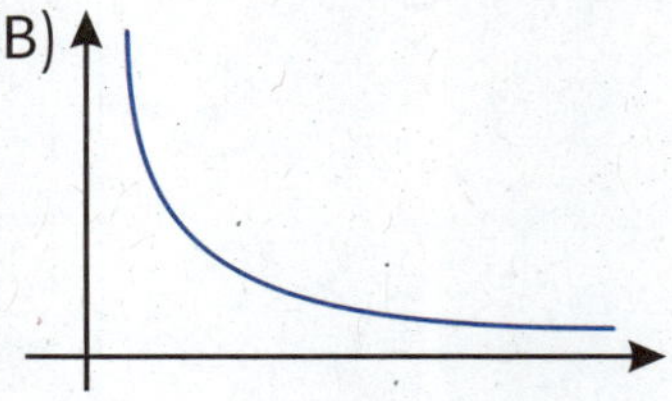

(C)

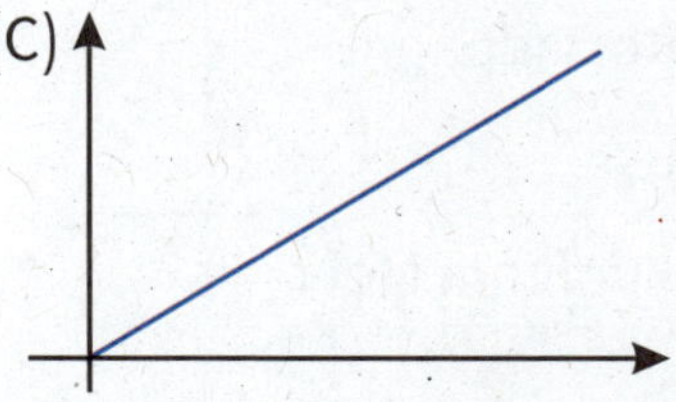

Text 1 passt zu ______

Text 2 passt zu ______

Text 3 passt zu ______

2 Lies Zeit und Füllhöhe im Schaubild ab und übertrage sie in die Tabelle.

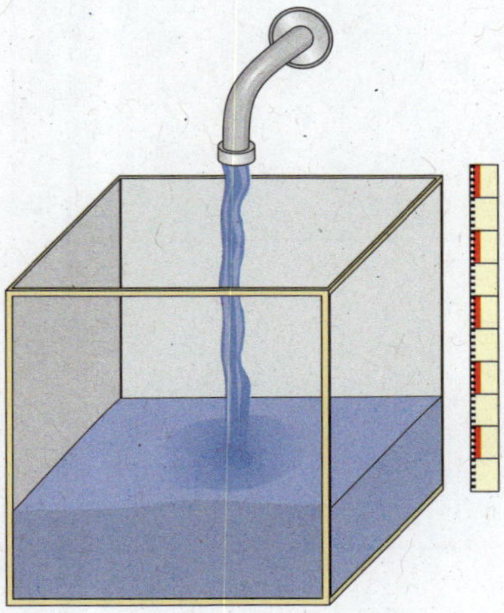

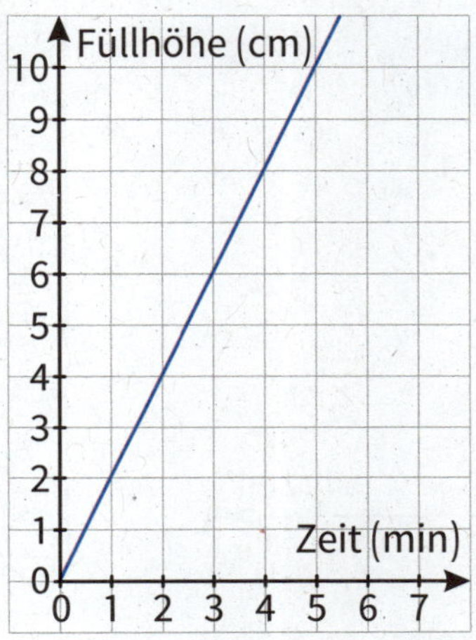

Füllhöhe	
min	cm
0	0
1	2
2	
3	

3 Jede Füllkurve gehört zu einem der Gefäße. Ordne jeder Füllkurve das Gefäß zu.

① 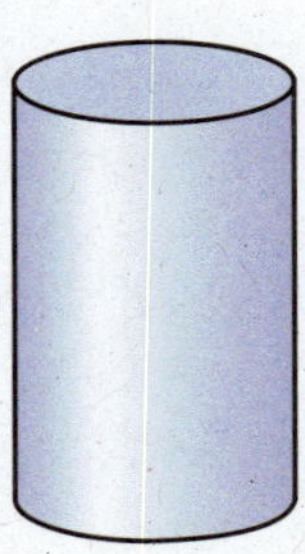

② 

③ 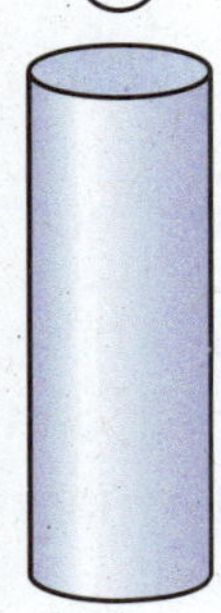

④ 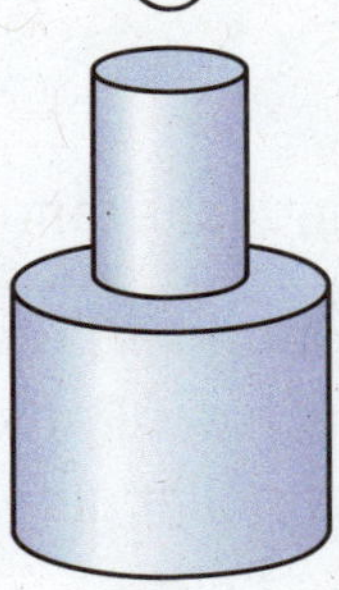

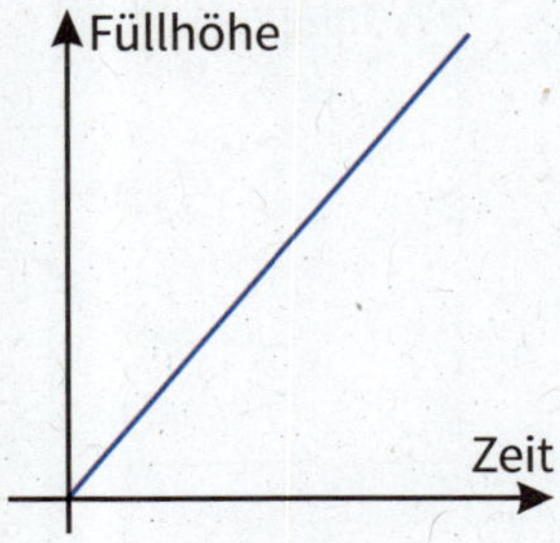

Gefäß ______

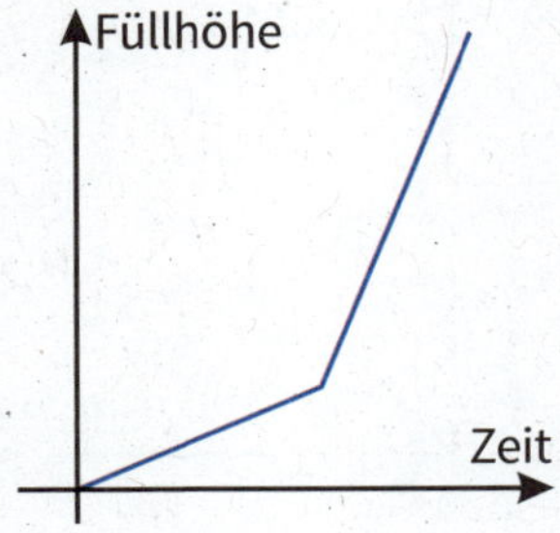

Gefäß ______

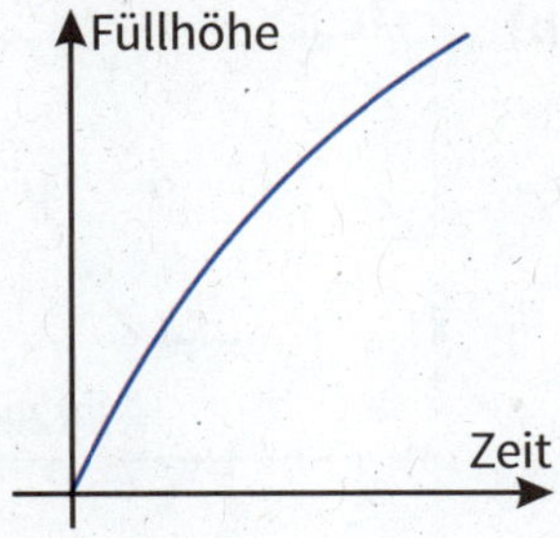

Gefäß ______

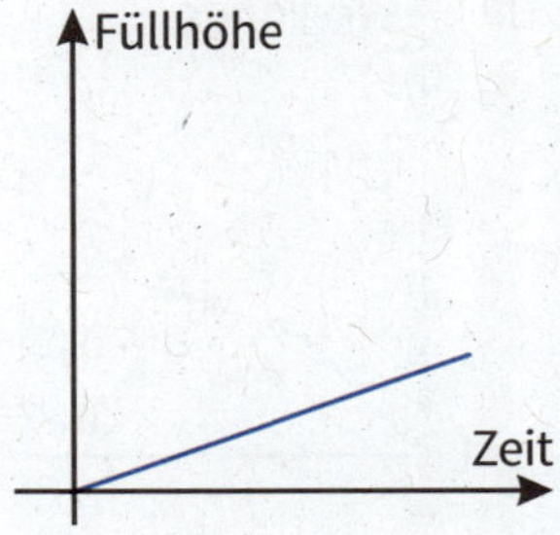

Gefäß ______

Informationen aus graphischen Darstellungen ablesen

1 Franco und sein Onkel fahren mit dem Motorrad an die Nordsee.
a) Vervollständige die Weg-Zeit-Tabelle anhand des Schaubildes.

	Uhrzeit	Weglänge
Abfahrt		
Motorradpanne		
Pause		
Ankunft am Meer		

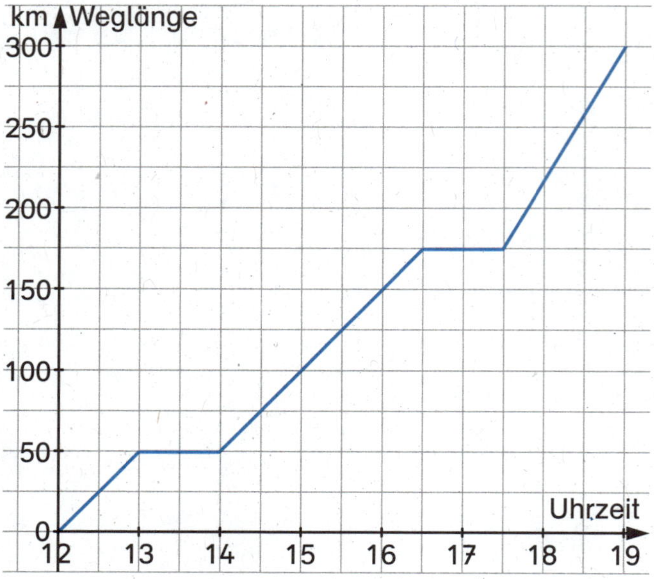

b) Lies in deinem Schaubild die Uhrzeiten zu den Weglängen ab. Trage ein.

Uhrzeit	Weglänge
	25 km
	100 km

Uhrzeit	Weglänge
	125 km
	150 km

2 Jugendliche fahren verschiedene Fahrradtouren. Ordne den Schaubildern die Namen zu.

Johannes fährt nach der Pause schneller als vor der Pause.	Fatime fährt zuerst schnell, dann langsamer, dann wieder schneller.	Timo fährt nach der Pause mit gleicher Geschwindigkeit wie vor der Pause.	Annemarie fährt nach der Pause langsamer als vor der Pause.

a)
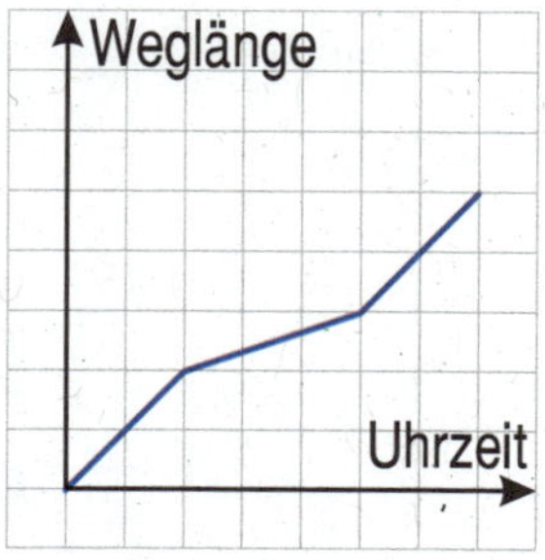

b)
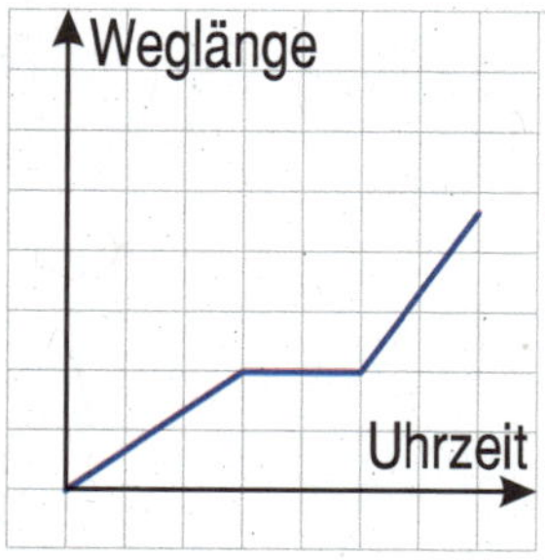

c)
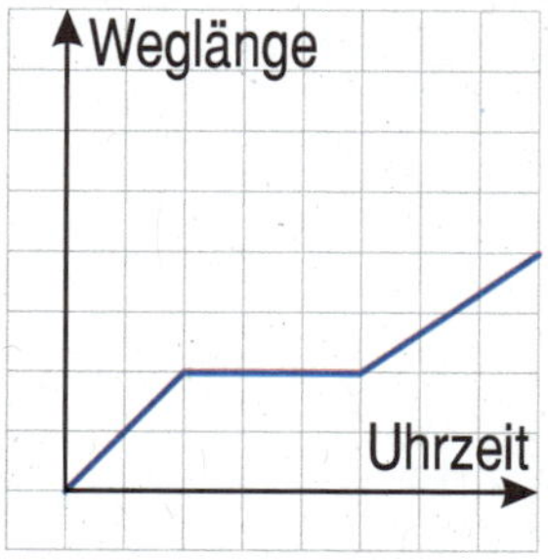

d)
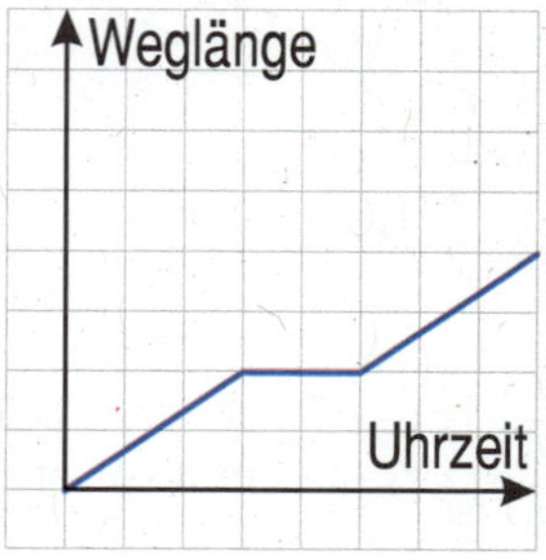

Informationen aus graphischen Darstellungen ablesen

1 Ein Schwertransporter fährt um 21:00 Uhr auf die Autobahn. Ein Pkw fährt um 22:10 Uhr an derselben Auffahrt auf die Autobahn und folgt dem Schwertransporter.
Lies im Schaubild ab, nach wie viel Kilometern der Pkw den Schwertransporter einholt.
Wie viel Uhr ist es dann?

A: ______________________________

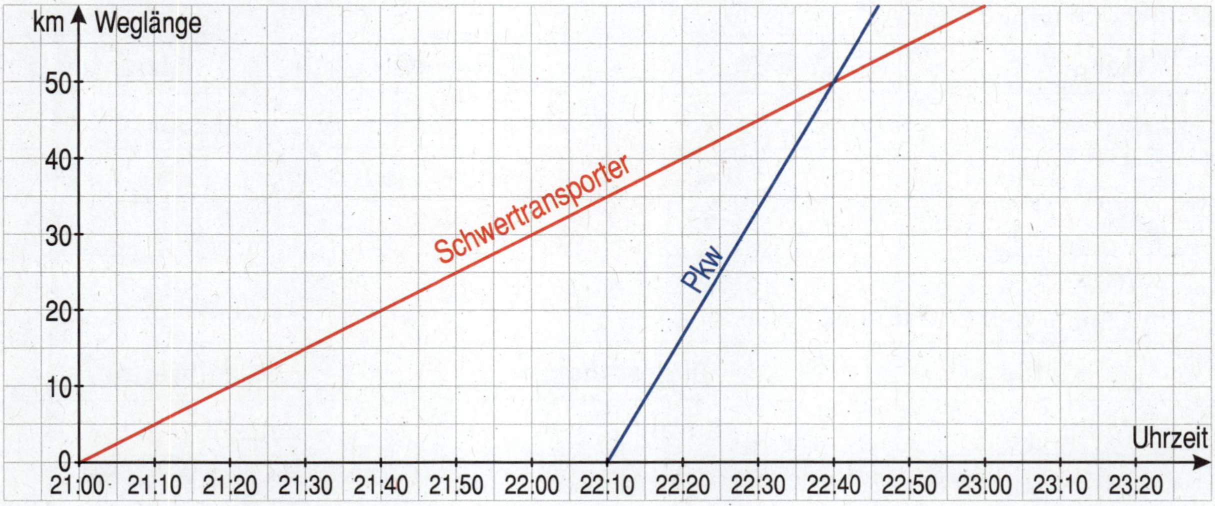

2 Paul bricht mit dem Roller zu einem Ausflug auf. Herr Breidenbach folgt ihm später auf derselben Strecke mit dem Pkw.

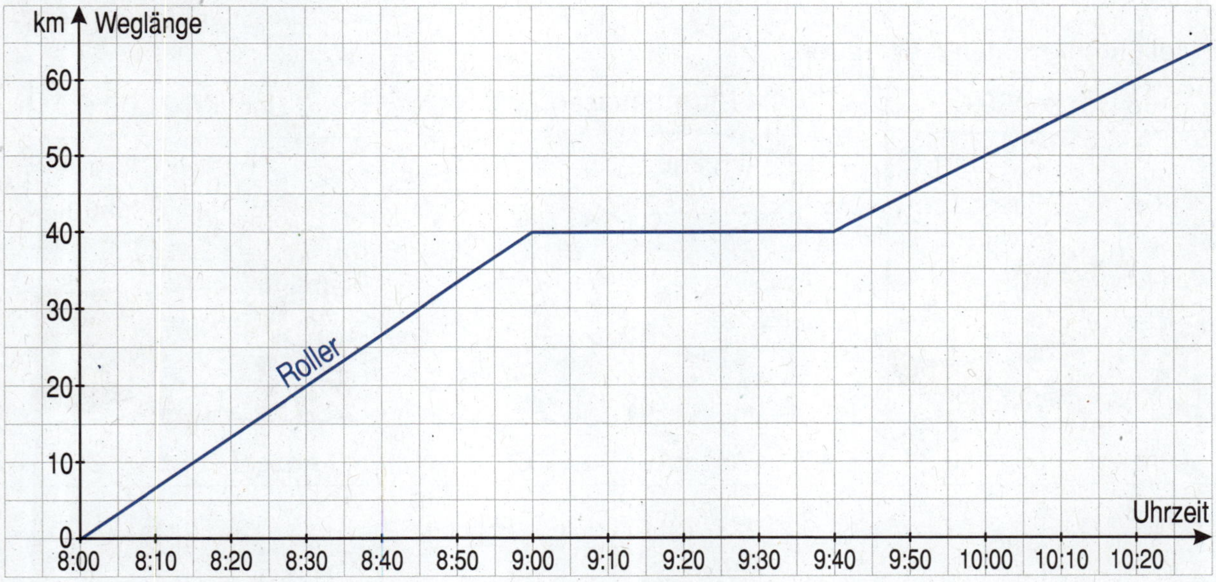

a) Ergänze die fehlenden Angaben in Pauls Bericht anhand des Schaubildes.

Abfahrt war um ______ Uhr. Nach einer Stunde hatte ich ______ km zurückgelegt.
Die Pause dauerte ______ Minuten. Um ______ Uhr hatte ich 50 km zurückgelegt.

b) Herr Breidenbach fuhr um 9:40 Uhr ab. Um 10:10 hatte er bereits 45 km zurückgelegt und fuhr mit gleicher Geschwindigkeit weiter. Vervollständige das Schaubild zur Fahrt des Pkw von Herrn Breidenbach.

c) Lies im Schaubild ab, nach wie viel Kilometern Paul von dem Pkw eingeholt wurde.
Wie viel Uhr war es dann?

A: ______________________________

Proportionale Zuordnungen

1 Zwei Stifte kosten 80 Cent. Dirk kauft 8 Stifte.

F: Wie viel Euro bezahlt Dirk?

A: ____________________

Anzahl	Cent
2	
8	

(·4 · 4)

2 Berechne den fehlenden Preis.

a)

Lineale	
Anzahl	€
2	1,20
4	

b)

Bleistifte	
Anzahl	€
2	0,40
6	

c)

Patronen	
Anzahl	€
5	2,50
10	

d)

Filzstifte	
Anzahl	€
3	1,80
6	

3 Berechne zuerst den Einzelpreis.

a)

Stühle	
Anzahl	€
3	120
1	
4	

b)

Bilderrahmen	
Anzahl	€
5	30
1	
2	

c)

Regalbretter	
Anzahl	€
2	10,20
1	
7	

4 Wie viel Euro bezahlen die Kunden?

a) 3 Hocker 90 €

Anzahl	€
3	90
1	
2	

Die Kundin bezahlt ____ €.

b) 4 Blumenvasen 20 €

Anzahl	€

Der Kunde bezahlt ____ €.

c) 2 Decken 21,00 €

Anzahl	€

Die Kundin bezahlt ____ €.

5 Vervollständige die Tabelle.

a) Preis für 10 Gartenstühle: 270 €

Preis für 7 Gartenstühle: ____ €

Anzahl	€
10	
1	
7	

b) Preis für 2 Sessel: 150 €

Preis für 5 Sessel: ____ €

Anzahl	€

Lösungen

Waagen im Gleichgewicht

Zu Seite 1

1 a) $x = 3$ b) $x = 5$ c) $x = 5$

2 $x = 3$

3 a) $x = 6$ b) $x = 9$ c) $x = 9$

Gleichungen mit x auf einer Seite

Zu Seite 2

1 $x = 5$

2 a) $a = 6$ b) $y = 7$

3 a) $x = 5$ b) $a = 9$

Gleichungen mit x auf einer Seite

Zu Seite 3

1 a) $x = 5$ b) $x = 4$

2 a) $x = 4$ b) $a = 3$

3 a) $x = 4$ b) $x = 11$

Gleichungen mit x auf beiden Seiten

Zu Seite 4

1 $x = 2$

2 a) $x = 5$ b) $a = 4$

3 a) $x = 3$ b) $x = 2$

Gleichungen mit x auf beiden Seiten

Zu Seite 5

1 a) $5x + 12 = 3x + 13$
$2x = 1$
$x = \frac{1}{2} = 0{,}5$

b) $6x - 14 = 4x + 6$
$2x = 20$
$x = 10$

c) $46 - 3x = 7x + 6$
$10x = 40$
$x = 4$

d) $14 + 5x = 2x + 15$
$3x = 1$
$x = \frac{1}{3}$

2 a) $8x + 4 - 2x = 3x + 6$
$3x = 2$
$x = \frac{2}{3}$

b) $5 + 7x + 4 = 3x + 10$
$4x = 1$
$x = \frac{1}{4} = 0{,}25$

c) $6x - 3 + 5x = 4x + 11$
$7x = 14$
$x = 2$

d) $9x - 4 - x = 2x + 1$
$6x = 5$
$x = \frac{5}{6}$

Lösungen

3 a) $25x - 18 - 7x + 10 = 15 + 16x - 11$
$2x = 12$
$x = 6$

b) $35x + 40 + 7x + 13 = 25 + 39x - 5$
$3x = -33$
$x = -11$

Zahlenrätsel

Zu Seite 6

1 Gleichung:
$4x - 8 = 2x \quad | -2x$
$2x - 8 = 0 \quad | +8$
$2x = 8 \quad | :2$
$x = 4$

2

Vom 3fachen einer Zahl subtrahiere ich 6.
Das Ergebnis ist 27.

Zum 6fachen einer Zahl addiere ich 3.
Das Ergebnis ist 27.

$3x + 6 = 27$

$6x + 3 = 27$

$3x - 6 = 27$

$6x - 3 = 27$

Zum 3fachen einer Zahl addiere ich 6.
Das Ergebnis ist 27.

Vom 6fachen einer Zahl subtrahiere ich 3.
Das Ergebnis ist 27.

3 a)
$6x - 12 = 3x \quad | -3x$
$3x - 12 = 0 \quad | +12$
$3x = 12 \quad | :3$
$x = 4$

b)
$7x + 18 = 10x \quad | -7x$
$18 = 3x \quad | :3$
$6 = x$
$x = 6$

c)
$51 - 2x = 5x + 2 \quad | +2x$
$51 = 7x + 2 \quad | -2$
$49 = 7x \quad | :7$
$7 = x$
$x = 7$

4 Alter von Lea: x Alter von Leas Mutter: $3x$
Gleichung: $x + 3x = 52$
$4x = 52 \quad | :4$
$x = 13$ $\quad 3 \cdot 13 = 39$
A: Lea ist 13 Jahre alt. Leas Mutter ist 39 Jahre alt.

Üben: Sachaufgaben

Zu Seite 7

1 a) Wie viel Euro kostet ein Kreisel?
$3x + 6 = 39 \quad | -6$
$3x = 33 \quad | :3$
$x = 11$
Ein Kreisel kostet 11 €.

b) Wie viel Euro kostet ein Spiel?
$3x - 6 = 39 \quad | +6$
$3x = 45 \quad | :3$
$x = 15$
Ein Spiel kostet 15 €.

2 Gleichung:
$4x - 17 = 43 \quad | +17$
$4x = 60 \quad | :4$
$x = 15$
A: Lisa verdient durch das Babysitten täglich 15 €.

3 Jan: x — Lea: $x + 9$ — Max: $x - 4$

Gleichung: $x + x + 9 + x - 4 = 500$

$3x + 5 = 500 \quad |-5$

$3x = 495 \quad |:3$

$x = 165$

Jan: $x = 165$ — Lea: $165 + 9 = 174$ — Max: $165 - 4 = 161$

A: Jan ist 165 cm groß, Lea ist 174 cm groß und Max ist 161 cm groß.

4 März: x — April: $x + 6$ — Mai: $x + 9$

Gleichung: $x + x + 6 + x + 9 = 135$

$3x + 15 = 135 \quad |-15$

$3x = 120 \quad |:3$

$x = 40$

März: 40 € — April: 46 € — Mai: 49 €

Vermischte Übungen

Zu Seite 8

1 a) – c) $2x + 2 = x + 6$

$x + 2 = 6$

$x = 4$

2 a) $2x + 7 = 29$; $2x = 22$; $x = 11$

b) $8x + 5 = 61$; $8x = 56$; $x = 7$

c) $3x - 8 = 16$; $3x = 24$; $x = 8$

d) $7x - 4 = 38$; $7x = 42$; $x = 6$

3 a) $8x + 7 = 55$; $8x = 48$; $x = 6$

b) $9x - 8 = 46$; $9x = 54$; $x = 6$

4 $6 + 5x = 51$

$5x = 45$

$x = 9$

A: Ein T-Shirt kostet 9 €.

Prozentsätze darstellen

Zu Seite 9

1 a) $\frac{40}{100} = 40\ \%$ b) $\frac{73}{100} = 73\ \%$ c) $\frac{58}{100} = 58\ \%$

2 a)

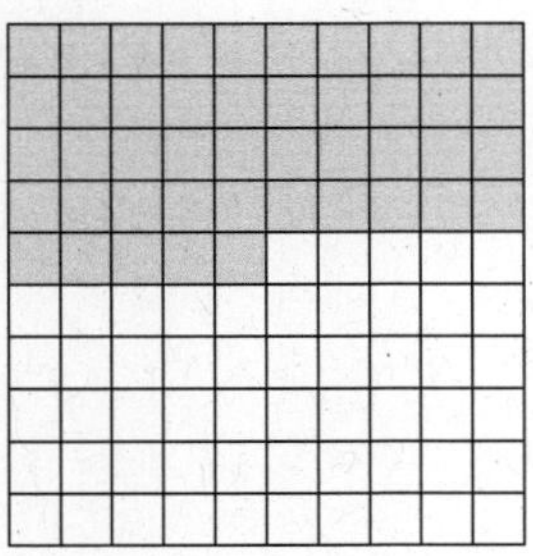

45 %

b)

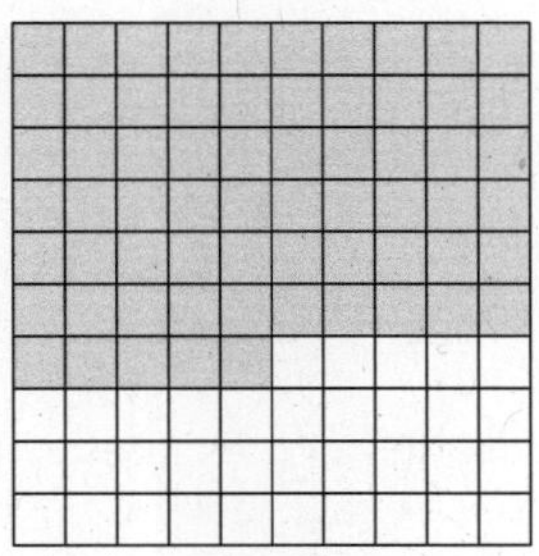

65 %

c)

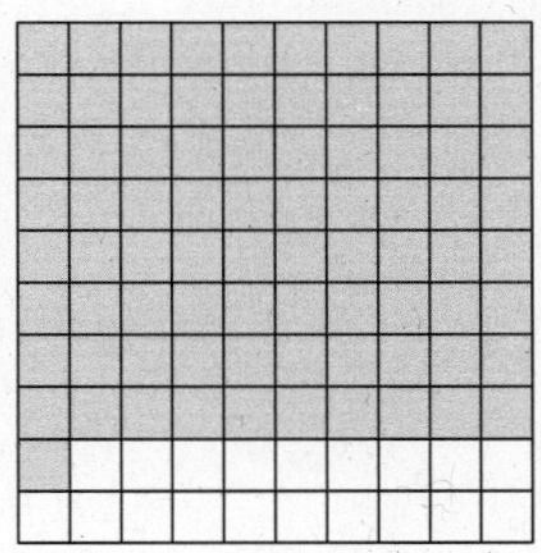

81 %

3 a) $9\ \% = \frac{9}{100}$; $20\ \% = \frac{20}{100}$; $60\ \% = \frac{60}{100}$

b) $1\ \% = \frac{1}{100}$; $99\ \% = \frac{99}{100}$; $50\ \% = \frac{50}{100}$

c) $5\ \% = \frac{5}{100}$; $25\ \% = \frac{25}{100}$; $77\ \% = \frac{77}{100}$

Lösungen

4 Fußball: 40 %; 80 Mitglieder
Lauftreff: 30 %; 60 Mitglieder
Handball: 18 %; 36 Mitglieder
Tennis: 12 %; 24 Mitglieder
Zusammen: 100 %; 200 Mitglieder

Prozentwert berechnen

Zu Seite 10

1 a)

Unter 18 Jahre	
%	Besucher
100	14 800
1	**148**
60	**8 880**

8 880 Besucher

b)

Von 18 bis 65 Jahre	
%	Besucher
100	**14 800**
1	**148**
25	**3 700**

3 700 Besucher

c)

Über 65 Jahre	
%	Besucher
100	**14 800**
1	**148**
15	**2 220**

2 220 Besucher

2 a) 370 € b) 240 € c) 3 960 € d) 330 €

3 30 % von 400 € = 40 % von 300 € = 6 % von 2 000 € = 120 €
75 % von 16 000 € = 20 % von 60 000 € = 5 % von 240 000 € = 12 000 €
4 % von 300 € = 40 % von 30 € = 75 % von 16 € = 12 €
40 % von 3 000 € = 60 % von 2 000 € = 3 % von 40 000 € = 1 200 €

Grundaufgaben der Prozentrechnung

Zu Seite 11

1 Prozentwert: 1 050 Besucher

2 Prozentsatz: 30 %

3 Grundwert: 1 200 Personen

4

Grundwert	100 €	400 m	500 m	500 kg	300 €	800 €
Prozentsatz	20 %	30 %	10 %	10 %	20 %	5 %
Prozentwert	20 €	120 m	50 m	50 kg	60 €	40 €

5

Bruch	$\frac{1}{2}$	$\frac{1}{5}$	$\frac{1}{4}$	$\frac{1}{10}$	$\frac{1}{5}$	$\frac{3}{4}$
Prozentsatz	50 %	20 %	25 %	10 %	20 %	75 %

6 A: 25% der Besucher sind jünger als 16 Jahre.

Grundaufgaben der Prozentrechnung

Zu Seite 12

1 (A) F: Wie hoch ist der Normalpreis? (Gesucht ist der Grundwert.)
A: Der Normalpreis beträgt 30 000 €.
(B) F: Wie hoch ist der Nachlass? (Gesucht ist der Prozentwert.)
A: Der Nachlass beträgt 2 030 €.
(C) F: Um wie viel Prozent wird der Neupreis ermäßigt? (Gesucht ist der Prozentsatz.)
A: Der Neupreis wird um 15 % ermäßigt.
(D) F: Wie hoch ist der Normalpreis? (Gesucht ist der Grundwert.)
A: Der Normalpreis beträgt 1 050 €.

Lösungen

Prozentuale Zunahme und prozentuale Abnahme

Zu Seite 13

1 A

%	€
100	480
1	4,80
120	576

Mit Sonderausstattung kostet das Fahrrad 576 €.

B

%	€
100	560
1	5,60
80	448

In diesem Jahr kostet das Fahrrad 448 €.

2 A

%	€
100	720
1	7,20
112	806,40

Verkaufspreis: 806,40 €

B

%	€
100	540
1	5,40
85	459

Verkaufspreis: 459 €

Rabatt und Skonto

Zu Seite 14

1 a)

Jeans	
%	€
100	79,00
1	0,79
70	55,30
Neuer Preis: 55,30 €	

b)

Pullover	
%	€
100	48,00
1	0,48
70	33,60
Neuer Preis: 33,60 €	

c)

Jacke	
%	€
100	149,00
1	1,49
70	104,30
Neuer Preis: 104,30 €	

d)

Kleid	
%	€
100	164,00
1	1,64
70	114,80
Neuer Preis: 114,80 €	

2 a)

Bett	
%	€
100	250
1	2,50
97	242,50
Preis bei Barzahlung: 242,50 €	

b)

Jugendzimmer	
%	€
100	1 480
1	14,80
97	1 435,60
Preis bei Barzahlung: 1 435,60 €	

Lösungen

Brutto und netto

Zu Seite 15

1

Brutto	Holzkiste mit Kartoffeln	100 kg
Netto	Kartoffeln	90 kg
Verpackung	Holzkiste	10 kg

2 a)

%	kg
100	15
1	0,15
8	1,2

Die Kiste wiegt 1,2 kg.

b) Das Nettogewicht beträgt 13,8 kg.

3

Das Bruttogewicht ist immer größer als das Nettogewicht.	X	
Nettogewicht plus Gewicht der Verpackung gleich Bruttogewicht.	X	
Das Nettogewicht ist immer die Hälfte des Bruttogewichts.		X
Bruttogewicht minus Gewicht der Verpackung gleich Nettogewicht.	X	

4 a) Äpfel: 0,84 €
Hose: 11,40 €

b) Äpfel: 12,84 €
Hose: 71,40 €

Vermischte Übungen

Zu Seite 16

1 a), b)
0 bis 1 Std.: 12 %; 48 Schüler
1 bis 5 Std.: 67 %; 268 Schüler
Mehr als 5 Std.: 21 %; 84 Schüler

2 300 Schüler besuchen die Steintor-Schule.

3 a) Die Kiste wiegt 0,6 kg.

b) Das Nettogewicht beträgt 11,4 kg.

4 a) A: Der Rabatt beträgt 312 €.
b) A: Der Preis beträgt 15 288 €.

Zinsrechnung als Anwendung der Prozentrechnung

Zu Seite 17

1 a) Jenny spart für ein Mofa. Sie zahlt 50 € auf ihr Sparkonto ein.
b) Für die Anschaffung einer Maschine nimmt Maurermeister Biel ein Darlehen von 12 000 € auf.
c) Frau und Herr Lenz möchten ein Haus kaufen. Von der Bank bekommen sie einen Kredti von 200 000 €.
d) Frau Oruc hat auf ihrem Girokonto ein Guthaben von 1 200 €.

Lösungen

2 a)

%	€
100	400
1	4
3	12

Zinsen für ein Jahr: 12 €

b)

%	€
100	900
1	9
3	27

Zinsen für ein Jahr: 27 €

c)

%	€
100	2500
1	25
3	75

Zinsen für ein Jahr: 75 €

3 a) Zinsen: 80 €.

b) Zinsen: 240 €.

4 a)

%	€
100	760
1	7,60
2	15,20

Zinsen für ein Jahr: 15,20 €.

b)

%	€
100	8980
1	89,80
5	449

Zinsen für ein Jahr: 449 €.

Grundaufgaben der Zinsrechnung

Zu Seite 18

1 a)

%	€
100	1450
1	14,50
8	116

Die Zinsen für ein Jahr betragen 116 €.

b)

%	€
100	5850
1	58,50
7	409,50

Die Zinsen für ein Jahr betragen 409,50 €.

2

€	%
500	100
1	0,2
60	12

A: Der Zinssatz ist 12 % hoch.

3 a)

%	€
8	240
1	30
100	3000

Die Höhe des Kredits beträgt 3 000 €.

b)

%	€
7	280
1	40
100	4000

Die Höhe des Kredits beträgt 4 000 €.

4 A: Herr Tabor erhält den günstigeren Kredit, da er nur 200 € Zinsen zahlen muss. Der Zinssatz für Frau Wang beträgt 12,5%.

Lösungen

Tageszinsen

Zu Seite 19

1

Jahreszinsen	
%	€
100	24 000
1	240
1,5	360

Tageszinsen	
Tage	€
360	360
1	1
70	70

Für 70 Tage bekommt er 70 € Zinsen.

2 A

Jahreszinsen	
%	€
100	60 000
1	600
1,2	720

Tageszinsen	
Tage	€
360	720
1	2
55	110

Tageszinsen für 55 Tage: 110 €

B

Jahreszinsen	
%	€
100	2 400
1	24
7,5	180

Tageszinsen	
Tage	€
360	180
1	0,5
234	117

Tageszinsen für 234 Tage: 117 €

C

Jahreszinsen	
%	€
100	15 000
1	150
2,4	360

Tageszinsen	
Tage	€
360	360
1	1
325	325

Tageszinsen für 325 Tage: 325 €

Arbeiten mit dem Computer: Zinsrechnung

Zu Seite 20

1 –

2 = B3 + B5 (3. Formel)

3 a) Zinsen 40,50 €
Guthaben am Jahresende 2 740,50 €

b) Zinsen 74,29 €
Guthaben am Jahresende 4 444,29 €

4 a) Zinsen 102,0870 €
Guthaben am Jahresende 5 475,0870 €

b) Zinsen 34,8 €
Guthaben am Jahresende 3 899,8 €

5 Zinssatz 1,5 %

Arbeiten mit dem Computer: Zinsrechnung

Zu Seite 21

1 B7 = B6/360; B8 = B7*B5

2 a) –
b) links:

Jahreszinsen	95,40 €
Tageszinsen	0,265 €
Zinsen für die Anlagezeit	39,75 €

rechts:

Jahreszinsen	42,16 €
Tageszinsen	0,1171 €
Zinsen für die Anlagezeit	24,59 €

3 a) B6 = B3*B4; B7 = B6/360; B8 = B7*B5; B9 = B3 + B8
b) Nach 252 Tagen müsste Frau Keller den Kredit spätestens zurückzahlen.
Dann wäre der Rückzahlungsbetrag 8 999,80 €.

Vermischte Übungen

Zu Seite 22

1

Kapital 500 €	
%	€
100	500
1	5
3	15

Kapital 1 200 €	
%	€
100	1 200
1	12
3	36

Kapital 2 300 €	
%	€
100	2 300
1	23
3	69

2 a)

%	€
100	890
1	8,9
2	17,8

Zinsen für ein Jahr: 17,80 €

b)

%	€
100	2 780
1	27,80
3	83,40

Zinsen für ein Jahr: 83,40 €

3 a)

%	€
7	630
1	90
100	9 000

Höhe des Kredits: 9000 €

b)

€	%
5000	100
1	0,02
600	12

Zinssatz: Der Zinssatz beträgt 12 %.

Lösungen

4

Jahreszinsen	
%	€
100	14 400
1	144
5	720

Tageszinsen	
Tage	€
360	720
1	2
95	190

Die Tageszinsen für 95 Tage betragen 190 €.

Grundvorstellungen zu Umfang und Flächeninhalt

Zu Seite 23

1 Flächeninhalt = Länge mal Breite = $a \cdot b$
Umfang = Summe aller Seiten = $2 \cdot a + 2 \cdot b$

2 a) a = 3 cm, b = 4 cm; u = 14 cm; A = 12 cm^2
b) a = 5 cm, b = 3 cm; u = 16 cm; A = 15 cm^2
c) a = 4 cm, b = 4 cm; u = 16 cm; A = 16 cm^2

3

	a)	b)	c)	d)	e)	f)
Länge (a)	2 cm	5 cm	8 cm	10 cm	10 cm	**10 cm**
Breite (b)	7 cm	8 cm	**2 cm**	**4 cm**	**10 cm**	5 cm
Flächeninhalt (A)	**14 cm^2**	**40 cm^2**	16 cm^2	40 cm^2	**100 cm^2**	**50 cm^2**
Umfang (u)	**18 cm**	**26 cm**	**20 cm**	**28 cm**	40 cm	30 cm

4 A: Die Seiten sind 3 cm lang, der Umfang beträgt 12 cm.

Flächeninhalt und Umfang eines Rechtecks

Zu Seite 24

1 a) Flächeninhalt b) Flächeninhalt c) Umfang
d) Flächeninhalt e) Umfang f) Flächeninhalt

2 a) Fläche des Gartens: 660 m^2 b) Zaunlänge: 102,5 m

3 a) Maße der Terrasse: Länge (oben): 7 m, Breite (rechts): 3 m
b) Fläche der Terrasse: 21 m^2
c) Neue Länge: 8 m Neue Breite: 4 m Fläche: 32 m^2

4 A: Der Teppichboden kostet 504 €.

Flächeninhalt eines Parallelogramms

Zu Seite 25

1 a = 8 cm, b = 4 cm
a) Die Grundseite g des Parallelogramms ist genauso lang wie die Seite a des Rechtecks.
b) Die Höhe h des Parallelogramms ist genauso lang wie die Seite b des Rechtecks.
c) Der Flächeninhalt des Parallelogramms ist genauso groß wie der Flächeninhalt des Rechtecks.

2 a) g = 3 cm, h = 2 cm
A = 6 cm^2
b) g = 3 cm, h = 1,5 cm
A = 4,5 cm^2
c) g = 3,5 cm, h = 2 cm
A = 7 cm^2

3 $g = 4$ cm, $h = 3$ cm; $A = 12\ cm^2$ — $g = 4$ cm, $h = 3$ cm; $A = 12\ cm^2$ — $g = 4$ cm, $h = 3$ cm; $A = 12\ cm^2$
Alle drei Parallelogramme haben den gleichen Flächeninhalt.

4 a) $A = 12\ cm^2$ b) $A = 45\ cm^2$ c) $A = 2\,000\ cm^2$
d) $h = 2$ cm e) $g = 2$ cm f) $g = 2$ cm

Flächeninhalt und Umfang eines Parallelogramms

Zu Seite 26

1 $u = 226$ m; $A = 2\,325\ m^2$

2 a) $A = 28\ m^2$ b) $A = 42\ m^2$ c) $A = 24{,}5\ m^2$ d) $A = 54{,}95\ m^2$

3 a) $28\ m^2$ Pflastersteine werden benötigt.
b) 23,6 m Kantsteine werden benötigt.
c) Die gesamten Materialkosten betragen 960,24 €.

Flächeninhalt eines Dreiecks

Zu Seite 27

1 a) Die Grundseite g des Dreiecks ist genauso lang wie die Seite a des Rechtecks.
b) Die Höhe h des Dreiecks ist genauso lang wie die Seite b des Rechtecks.
c) Der Flächeninhalt des Dreiecks ist halb so groß wie der Flächeninhalt des Rechtecks.

2 $A = 9\ cm^2$

3 a) $g = 4$ cm, $h = 3$ cm; $A = 6\ cm^2$ b) $g = 5$ cm, $h = 3$ cm; $A = 7{,}5\ cm^2$
c) $g = 4$ cm, $h = 2{,}5$ cm; $A = 5\ cm^2$

4 A: Alle Dreiecke besitzen den gleichen Flächeninhalt von $6\ cm^2$.

Flächeninhalt und Umfang eines Dreiecks

Zu Seite 28

1 a) $u = 72$ cm, $A = 240\ cm^2$
b) $u = 120$ cm, $A = 600\ cm^2$

2 a) 35 km b) 41 km c) 12 km

3 a) $500\ m^2$ b) $750\ m^2$ c) $700\ m^2$

4

	a)	b)	c)	d)	e)	f)
Grundseite g	2 cm	15 cm	40 cm	30 cm	80 cm	100 cm
Höhe h	7 cm	8 cm	70 cm	6 cm	40 cm	50 cm
Flächeninhalt A	**7 cm²**	**60 cm²**	**1 400 cm²**	**90 cm²**	**1 600 cm²**	**2 500 cm²**

Lösungen

Flächeninhalt eines Trapezes

Zu Seite 29

1 a = 8 cm; h = 4 cm; c = 3 cm
Die Höhe h des Parallelogramms ist genauso lang wie die Höhe h des **Trapezes**.
Die Grundseite g des Parallelogramms ist so lang wie die Summe der Seiten **a** und **c** des Trapezes.
Der Flächeninhalt des Trapezes ist halb so groß wie der Flächeninhalt des **Parallelogramms**.

2 $A = \frac{(14\text{ cm} + 6\text{ cm}) \cdot 6\text{ cm}}{2}$

$A = 60\text{ cm}^2$

3 a) a = 5 cm; c = 1 cm; h = 3 cm

$A = \frac{(5\text{ cm} + 1\text{ cm}) \cdot 3\text{ cm}}{2}$

$A = 9\text{ cm}^2$

b) a = 5 cm; c = 3 cm; h = 3 cm

$A = \frac{(5\text{ cm} + 3\text{ cm}) \cdot 3\text{ cm}}{2}$

$A = 12\text{ cm}^2$

c) a = 5 cm; c = 2,5 cm; h = 3 cm

$A = \frac{(5\text{ cm} + 2{,}5\text{ cm}) \cdot 3\text{ cm}}{2}$

$A = 11{,}25\text{ cm}^2$

Flächeninhalt und Umfang eines Trapezes

Zu Seite 30

1 Größe der verschalten Fläche: 30 m^2

2 $A = 0{,}81\text{ m}^2$; u = 3,80 m

3 a) A: Es werden 22 m^2 Pflastersteine benötigt.
b) A: Es werden 19,60 m Kantensteine benötigt.
c) A: Die Materialkosten belaufen sich auf 756,64 €.

Üben

Zu Seite 31

1 $A_1 = 20\text{ m} \cdot 8\text{ m}$

$A_1 = 160\text{ m}^2$

$A_2 = \frac{20\text{ m} \cdot 6\text{ m}}{2}$

$A_2 = 60\text{ m}^2$

$A = 160\text{ m}^2 + 60\text{ m}^2$
$A = 220\text{ m}^2$

2 a) Fläche A_1 (Rechteck, a = 5 cm, b = 2 cm): $A = 10\text{ cm}^2$;
Fläche A_2 (Dreieck, g = 5 cm, h = 2 cm): $A = 5\text{ cm}^2$; Gesamtfläche: $A = 15\text{ cm}^2$
b) Flächen A_1 und A_2 (oberes und unteres Dreieck, jeweils g = 6 cm, h = 2 cm):
$A = 6\text{ cm}^2$; Gesamtfläche: $A = 12\text{ cm}^2$
c) Fläche A_1 (Rechteck, a = 1,5 cm, b = 4 cm): $A = 6\text{ cm}^2$;
Fläche A_2 (Rechteck, a = 3,5 cm, b = 2 cm): $A = 7\text{ cm}^2$;
Fläche A_3 (Dreieck, g = 2 cm, h = 1 cm): $A = 1\text{ cm}^2$;
Gesamtfläche: $A = 14\text{ cm}^2$

Üben: Sachaufgaben

Zu Seite 32

1 Für das Schild werden 2 200 cm^2 Blech benötigt.

2 Der Flächeninhalt des Drachens beträgt 1 080 cm^2.

3 Die Glasfläche ist 3 400 cm^2 groß.

4 Für die Flagge werden 3 250 cm^2 Stoff benötigt.

Üben: Sachaufgaben

Zu Seite 33

1 Flächeninhalt des Grundstücks: 840 m^2; Länge des Zaunes: 128 m

2 a) Größe der Tischplatte: 1,35 m^2 b) Größe der Tischplatte: 1,35 m^2

3 a) benötigtes Blech: 2 025 cm^2 b) benötigtes Blech: 3 600 cm^2

Vermischte Übungen

Zu Seite 34

1 Rechteck: $A = a \cdot b$; $u = 2 \cdot a + 2 \cdot b$

Parallelogramm: $A = g \cdot h$; $u = 2 \cdot a + 2 \cdot b$

Trapez: $A = \frac{(a + c) \cdot h}{2}$; $u = a + b + c + d$

Dreieck: $A = \frac{g \cdot h}{2}$; $u = a + b + c$

2 a) $A = 2\,400\ cm^2$ b) $A = 2\,100\ cm^2$ c) $A = 2\,375\ cm^2$ d) $A = 1\,764\ cm^2$

3 a) $A = 12{,}5\ cm^2$ b) $A = 10\ cm^2$

Graphische Darstellung von Zuordnungen

Zu Seite 35

1 Text 1 passt zu B. Text 2 passt zu C. Text 3 passt zu A.

2

Füllhöhe	
min	cm
0	0
1	2
2	4
3	6
4	8
5	10

3 Von links nach rechts: 3; 4; 2; 1

Lösungen

Informationen aus graphischen Darstellungen ablesen

Zu Seite 36

1 a)

	Uhrzeit	Weglänge
Abfahrt	12:00	0 km
Motorradpanne	13:00	50 km
Pause	16:30	175 km
Ankunft am Meer	19:00	300 km

b)

Uhrzeit	Weglänge
12:30	25 km
15:00	100 km

Uhrzeit	Weglänge
15:30	125 km
16:00	150 km

2 a) Fatime fährt zuerst schnell, dann langsamer, dann wieder schneller.
b) Johannes fährt nach der Pause schneller als vor der Pause.
c) Annemarie fährt nach der Pause langsamer als vor der Pause.
d) Timo fährt nach der Pause mit gleicher Geschwindigkeit wie vor der Pause.

Informationen aus graphischen Darstellungen ablesen

Zu Seite 37

1 A: Der PKW holt den Schwertransporter nach 50 km um 22:40 Uhr ein.

2 a) Abfahrt war um 8:00 Uhr. Nach einer Stunde hatte ich 40 km zurückgelegt. Die Pause dauerte 40 Minuten. Um 10:00 Uhr hatte ich 50 km zurückgelegt.

b)

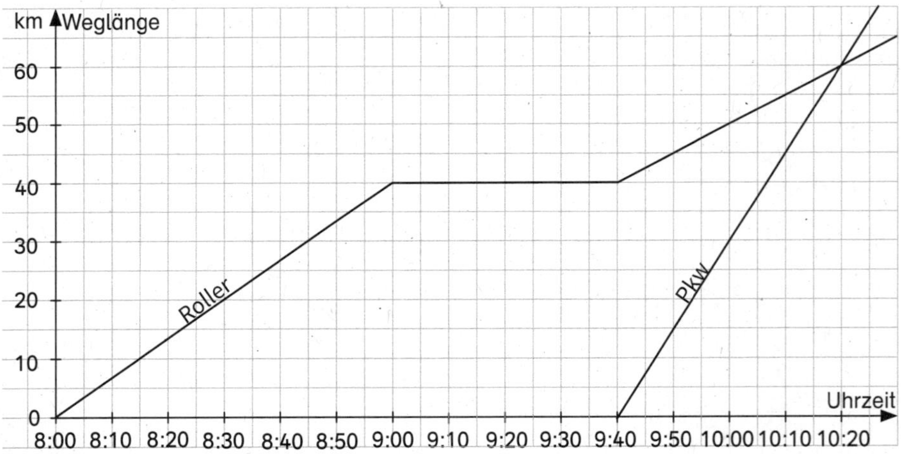

c) A: Paul wurde nach 60 km von dem Pkw eingeholt. Es war 10:20 Uhr.

Proportionale Zuordnungen

Zu Seite 38

1 A: Dirk bezahlt für die acht Stifte 3,20 €.

2 a) 2,40 € b) 1,20 € c) 5,00 € d) 3,60 €

3 a) 1 Stuhl: 40 €
4 Stühle: 160 €
b) 1 Bilderrahmen: 6 €
2 Bilderrahmen: 12 €
c) 1 Regalbrett: 5,10 €
7 Regalbretter: 35,70 €

4 a) Die Kundin bezahlt 60 €. b) Der Kunde bezahlt 15 €. c) Die Kundin bezahlt 52,50 €.

5 a) Preis für 7 Gartenstühle: 189 € b) Preis für 5 Sessel: 375 €

Antiproportionale Zuordnungen

Zu Seite 39

1 A: Die vier Mädchen benötigen 5 Minuten für die Arbeit.

2 a) 20 min b) 4 min c) 16 min

3 A: Der Futtervorrat reicht für 5 Tage.

4 a) 4 Tiger: 6 Tage
b) 1 Seehund: 80 Tage
20 Seehunde: 4 Tage
c) 100 Vögel: 14 Tage
200 Vögel: 7 Tage

5 a) 6 Lkw: 10 Fahrten b) 3 Lkw: 24 Fahrten c) 9 Lkw: 16 Fahrten

---

Proportionale und antiproportionale Zuordnungen

Zu Seite 40

1 a) proportional (Ergebnis: 5 Leselampen kosten 75 €.)
b) antiproportional (Ergebnis: Jeder Lkw muss 5-mal fahren.)
c) proportional (Ergebnis: Die Hälfte der Farbe reicht für 10 m².)
d) antiproportional (Ergebnis: Der Futtervorrat reicht für 3 Wochen.)

2 a)

Warentransport	
Lkw	Fahrten
3	8
1	**24**
4	**6**

antiproportional

b)

Kosten	
Stühle	€
5	150
1	**30**
2	**60**

proportional

c)

Lackieren	
Maler	min
2	60
1	**120**
3	**40**

antiproportional

3 A: In einer Stunde legt das Auto 110 km zurück.

4 A: In einer Stunde sind das 90 km.

5 A: Es müssen 3 Gabelstapler eingesetzt werden.

Lösungen

Proportionale und antiproportionale Zuordnungen

Zu Seite 41

1
a) A: Für 10 Tiere wird 15 kg Spezialfutter benötigt. (proportional)
b) A: 25 kg Spezialfutter kosten 100 €. (proportional)
c) A: 2 Personen benötigen 60 Minuten. (antiproportional)
d) A: 6 Personen benötigen für die Reinigung der Ställe 2 Stunden. (antiproportional)

2 a)

Anzahl	1	2	3	4	5	6
min	120	60	40	30	24	20

antiproportional

b)

kg	1	2	3	4	5	6
€	5,10	10,20	15,30	20,40	25,50	30,60

proportional

3 a)

Füttern	
Helfer	min
3	60
6	**30**

antiproportional

b)

Futterkosten	
kg	€
9	45,90
10	**51,00**

proportional

c)

Eintrittspreise	
Kinder	€
5	17,50
7	**24,50**

proportional

d)

Pflegen	
Helfer	min
2	48
3	**32**

antiproportional

Graphen proportionaler und antiproportionaler Zuordnungen

Zu Seite 42

1

Bücher	
Anzahl	€
1	8
2	16
3	24
4	32
5	40
6	48

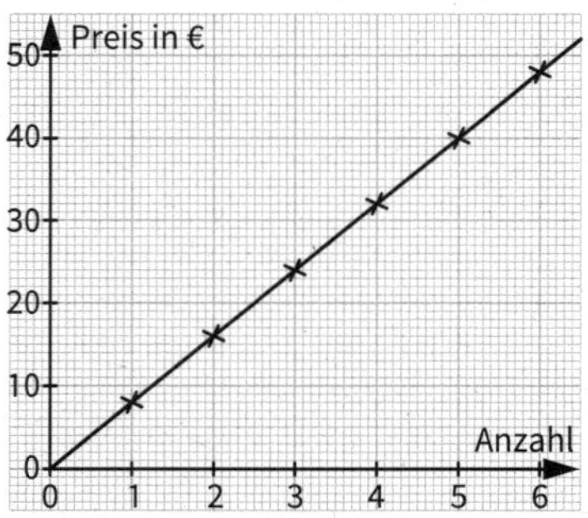

2

Hefte	
Anzahl	€
1	0,50
2	1,00
3	1,50
4	2,00
5	2,50
6	3,00
7	3,50
8	4,00

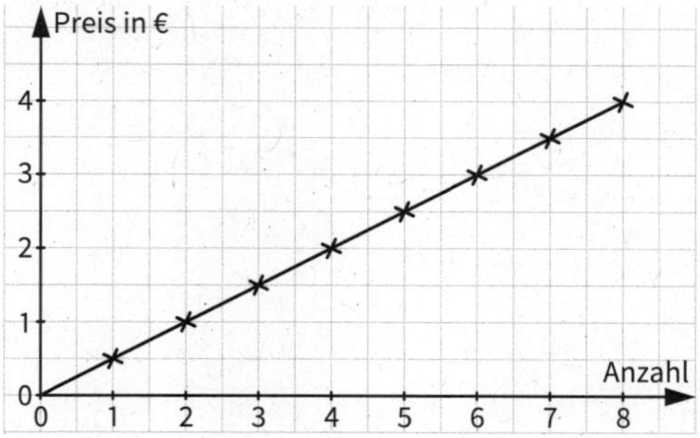

3

Arbeitszeit	
Personen	min
1	60
2	30
3	20
4	15
5	12
6	10

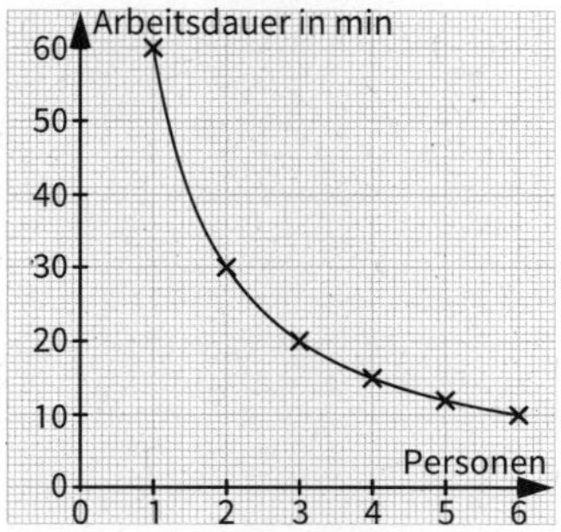

c) A: 10 Personen würden 6 Minuten für die Arbeit benötigen.

Lineare Funktionen

Zu Seite 43

1 a)

Wassermenge	
min	ℓ
0	20
1	25
2	30
3	35
4	40
5	45
6	50
7	55
8	60

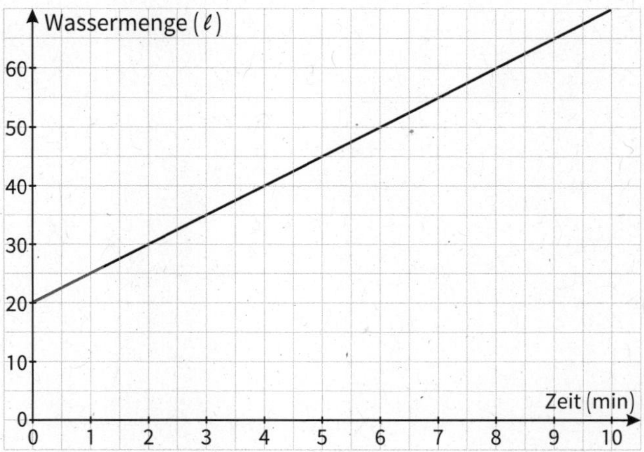

b) A: Nach 10 Minuten sind 70 ℓ Wasser im Aquarium.

Lösungen

2 a)

Wassermenge	
min	ℓ
0	30
1	36
2	42
3	**48**

b)

Wassermenge	
min	ℓ
0	50
1	60
2	70
10	**150**

c)

Wassermenge	
min	ℓ
0	40
1	45
2	50
4	**60**

3 a)

Kosten	
km	€
0	3,00
1	4,50
2	6,00
3	7,50
4	**9,00**
5	**10,50**
6	**12,00**
7	**13,50**

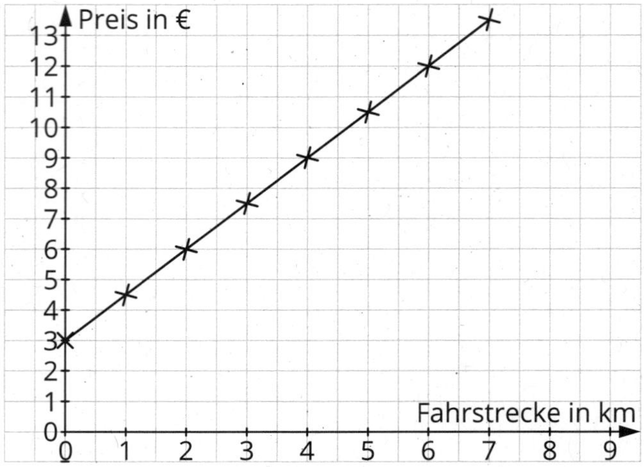

Lineare Funktionen

Zu Seite 44

1

Wassermenge	
h	m^3
0	160
1	140
2	**120**
3	**100**
4	**80**
5	**60**
6	**40**
7	**20**
8	**0**

Lösungen

2

Wassermenge	
h	m³
0	300
1	250
2	200
3	**150**
4	100
5	**50**
6	**0**

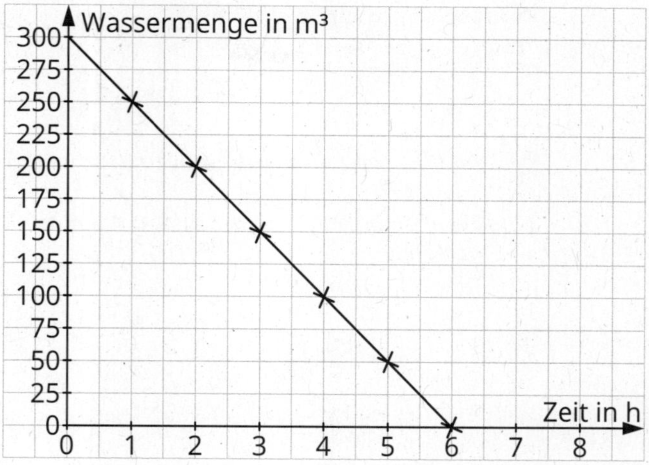

3 Von links nach rechts: 1. Text (Wassertank) gehört zu Schaubild C.
2. Text (Öltank) gehört zu Schaubild A.
3. Text (Futtervorrat) gehört zu Schaubild B.

Üben: Zuordnungen – Sachaufgaben

Zu Seite 45

1 a) proportional, b) antiproportional, c) proportional, d) proportional

2 a)

Kosten	
Fahrten	€
3	9,60
1	3,20
2	6,40

proportional

b)

Arbeitszeit	
Handwerker	h
3	8
1	24
4	6

antiproportional

c)

Benzinverbrauch	
km	l
200	12
100	6
500	30

proportional

3

Bagger	h
3	8
0,375	24
4	6

A: Man braucht 4 Bagger, um die Arbeit nach 6 Stunden zu beenden.

4

Tage	h
1	6
2	12
3	18
4	24
5	30

Personen	h
1	30
2	15
3	10
4	7,5
5	6

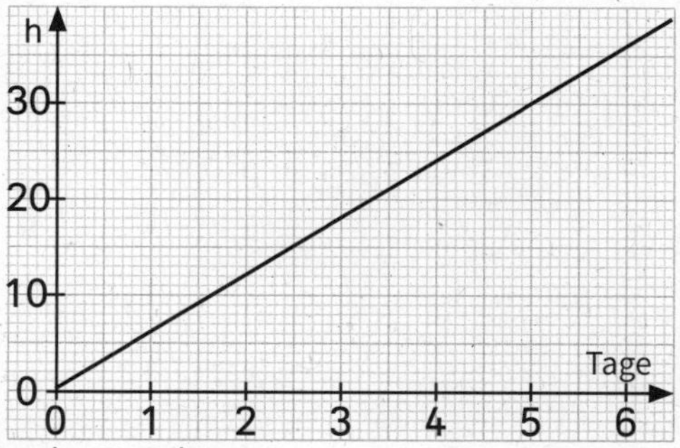

Die linke Tabelle (Tage – h) gehört zu einer proportionalen Zuordnung

---

Lösungen

Vermischte Übungen

Zu Seite 46

1 a) 8 Stifte: 6 € b) 3 Hefte: 1,80 €
c) 20 Minen: 9 € d) 12 Patronen: 9,60 €

2 F: Wie viel muss Frau Hackmann für 10 Schreibblöcke bezahlen?
A: Frau Hackmann muss 20 € für die Schreibblöcke bezahlen.

Anzahl	€
5	10
10	20

3 a)

h	€
5	**42,50**
1	**8,50**
6	**51,00**

Lohn für 6 Arbeitsstunden: **51 €**

b)

h	€
2	**18**
1	**9**
40	**360**

Lohn für 40 Arbeitsstunden: **360 €**

4 a) 6 Maler: 4 h b) 1 Maschine: 24 h c) 4 Lkws: 5 h

5 a)

Müll entsorgen	
Personen	min
5	30
1	**150**
3	**50**

b)

Ställe kontrollieren	
Personen	min
6	10
1	**60**
5	**12**

c)

Fenster putzen	
Personen	min
4	60
1	**240**
6	**40**

6 F: Wie viel muss Frau Jansen bezahlen?
A: Frau Jansen muss für die Strecke 15,50 € bezahlen.

km	€
0	3,50
1	5,00
8	15,50

Daten erfassen und auswerten

Zu Seite 47

1 a)

Lieblingstier	Anzahl der Stimmen
Hund	11
Vogel	5
Katze	8
Hamster	6

b)

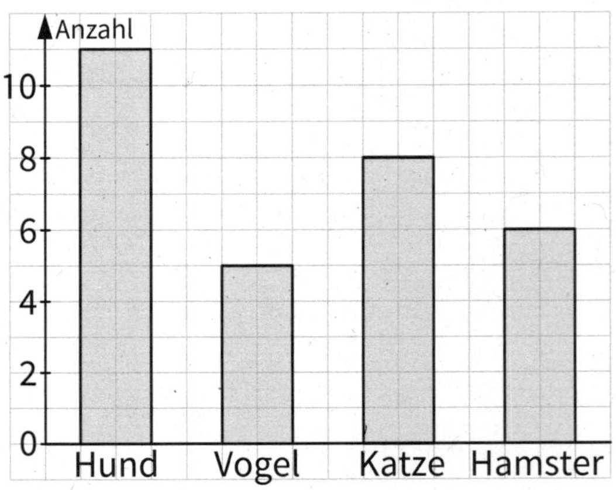

2 a)

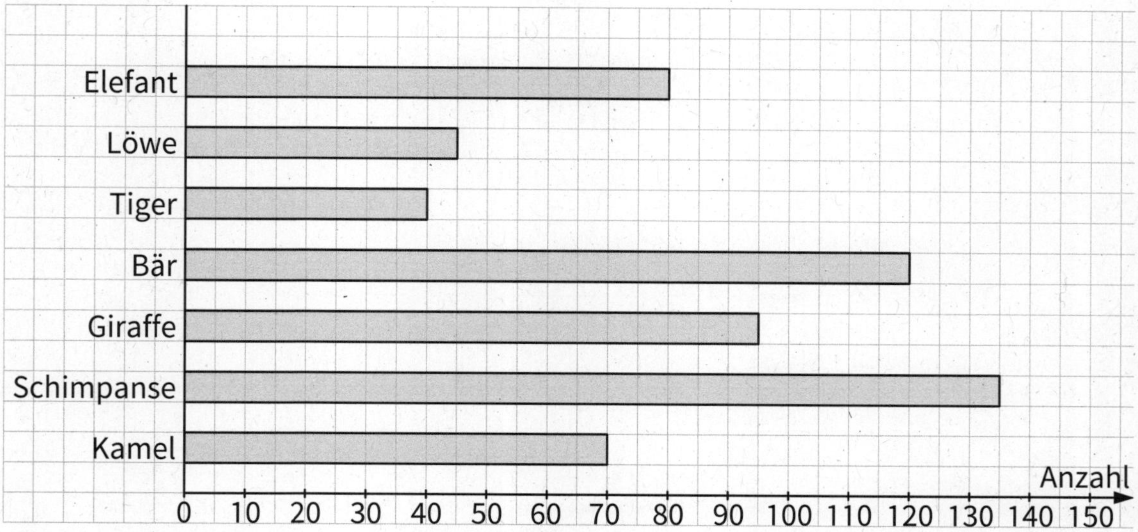

b) Schimpanse; Bär; Giraffe; Elefant; Kamel; Löwe; Tiger

Diagramme

Zu Seite 48

1 a) und b)

Uhrzeit	8–9	9–10	10–11	11–12	Gesamtzahl
Pkw	70	80	90	75	315
Busse/Lkw	40	30	50	30	150
Motorräder	30	35	35	35	135
Fahrzeuge insgesamt von 8 Uhr bis 12 Uhr					600

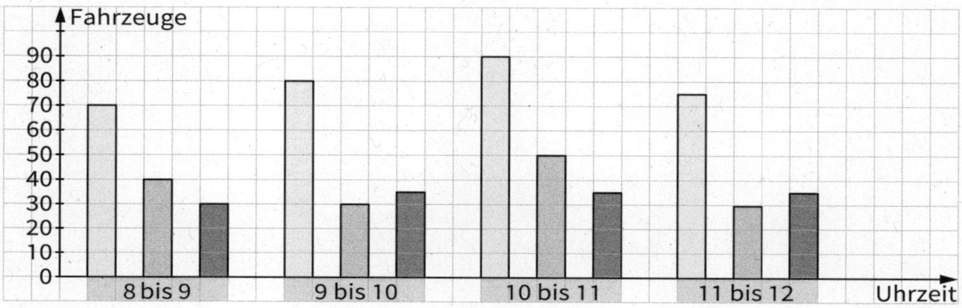

2 a) wahr b) falsch c) falsch d) falsch

3 a)

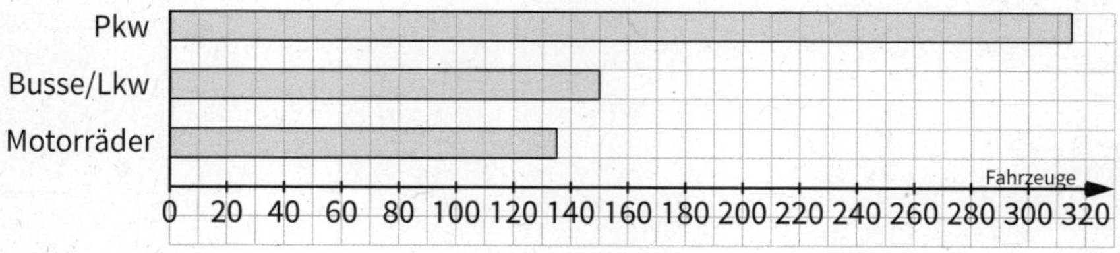

Lösungen

b)

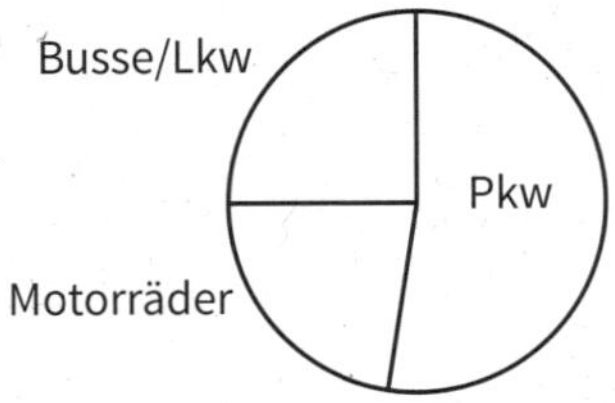

Diagramme

Zu Seite 49

1 a) und b)

	DI	Mi
Pkw	500	800
Busse/Lkw	200	300
Motorräder	150	100
Gesamtzahl der Fahrzeuge	850	1200

c) Von links nach rechts: Mittwoch, Dienstag, Dienstag, Mittwoch

2 a)

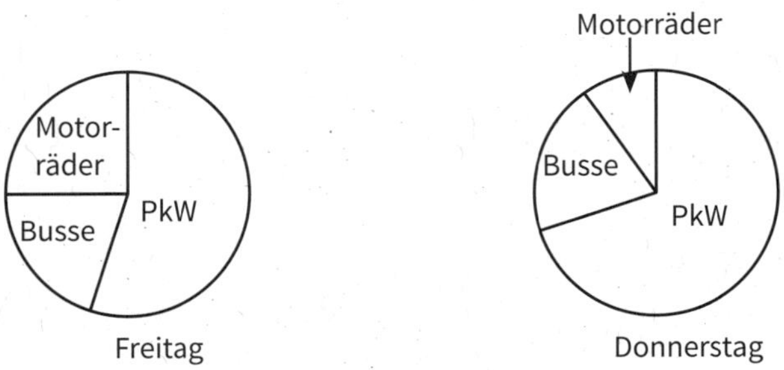

b) Donnerstag:

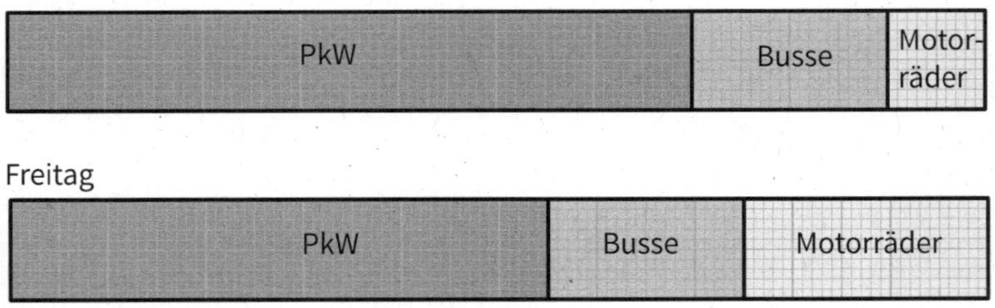

Arithmetisches Mittel

Zu Seite 50

1 a) von links nach rechts: Ina; Sera; Lea; Steffi; Ayse; Clara
b) A: Die Durchschnittsgröße beträgt 1,55 m.
c) A: Ja
d) A: Die Spannweite beträgt 0,40 m.

2 80 kg; 90 kg; 75 kg

3 Durchschnitt: 20 m; 33 m; 26m; 32 m
Spannweite: 13 m; 7 m; 10 m; 4 m

Arithmetisches Mittel, Median

Zu Seite 51

1 a) Arithmetisches Mittel Augsburg: 67 mm; Arithmetisches Mittel Bremen: 29 mm
b) Spannweite Augsburg: 48 mm; Median Augsburg: 73 mm
c) Spannweite Bremen: 45 mm; Median Bremen: 28 mm

2 Median: 20°

3 a) Arithmetisches Mittel: 62 mm
b) Rangliste: 30 mm – 38 mm – 40 mm – 45 mm – 85 mm – 134 mm
Median: 42,5 mm Spannweite: 104 mm

Arithmetisches Mittel, Median

Zu Seite 52

1 a) Mecklenburg-Vorpommern: 24,9 °C Baden-Württemberg: 26,2 °C
b) Mecklenburg-Vorpommern: Rangliste: 23,4 °C; 24,6 °C; 24,9 °C; 25,1 °C; 26,5 °C
Spannweite: 3,1 °C Median: 24,9 °C
Baden-Württemberg: Rangliste: 22,3 °C; 26,4 °C; 26,9 °C; 27,6 °C; 27,8 °C
Spannweite: 5,5 °C Median: 26,9 °C

2 a) Arithmetisches Mittel: 23,8 °C
b) Rangliste: 19,9 °C; 21,7 °C; 23,2 °C; 24,2 °C; 26,5 °C; 27,3 °C
Spannweite: 7,4 °C Median: 23,7 °C

Arbeiten mit dem Computer: Tabellenkalkulation

Zu Seite 53

1 a) – b) – c) –
d) Durchschnitt: 154,8 Median: 167

2 a) –
b) Durchschnitt: 149,2 Median: 151,5

3 a)

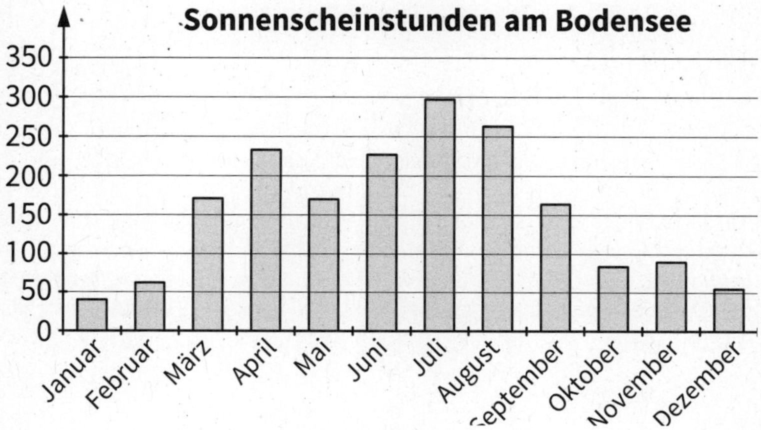

Lösungen

b)

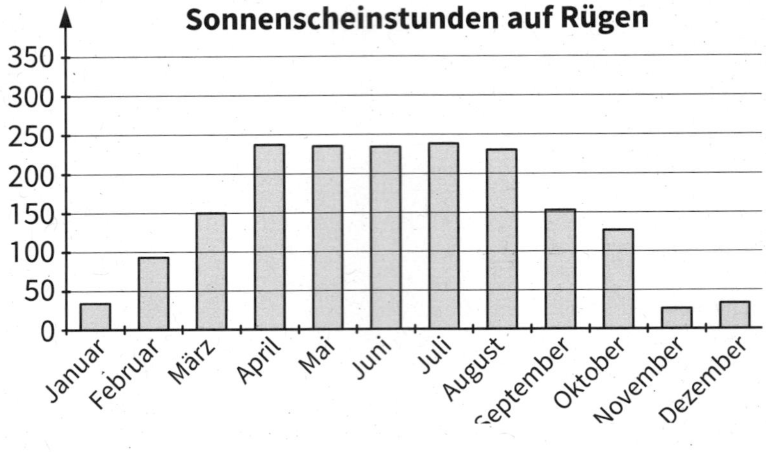

4 Das linke Säulendiagramm stellt die Sonnenscheinstunden für den Bodensee dar, das rechte Säulendiagramm stellt die Sonnenscheinstunden für Rügen dar.

Statistische Darstellungen beurteilen

Zu Seite 54

1 a) Die rechte und linke Darstellung müssen angekreuzt werden.
b) Die Darstellung legt nahe, dass die Besucherzahlen viermal so groß sind.

2 a) und b)

12–14 Jahre	14–16 Jahre	16–18 Jahre	Älter als 18 Jahre	insgesamt
15	15	20	10	60
$\frac{1}{4}$	$\frac{1}{4}$	$\frac{1}{3}$	$\frac{1}{6}$	1

c) Im linken Diagramm erkennt man die Anteile am besten.

d) A: Der grüne und gelbe Anteil erscheinen verschieden groß, da das Diagramm dreidimensional gezeichnet wurde.

e)

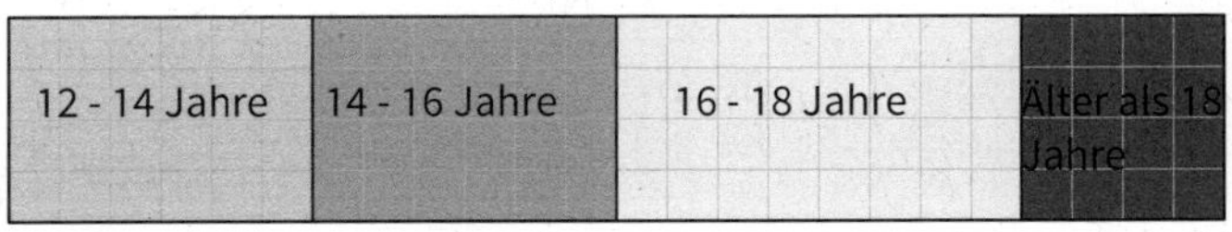

Statistische Darstellungen beurteilen

Zu Seite 55

1 A: Die Skala im rechten Diagramm beginnt nicht bei 0, sondern bei 2200.

(Im linken Diagramm erscheint der Anstieg nicht so groß, da der Anstieg im Vergleich zu der Gesamtzahl an Diebstählen ersichtlich ist. Daher wird auch eine Skala mit größeren Schritten verwendet. Im rechten Diagramm wird der Grundsockel weggelassen und kleinere Schritte in der Skala verwendet, daher erscheint hier der Anstieg an Diebstählen sehr stark.)

2 Zahl abgedruckter Leserbriefe leicht erhöht

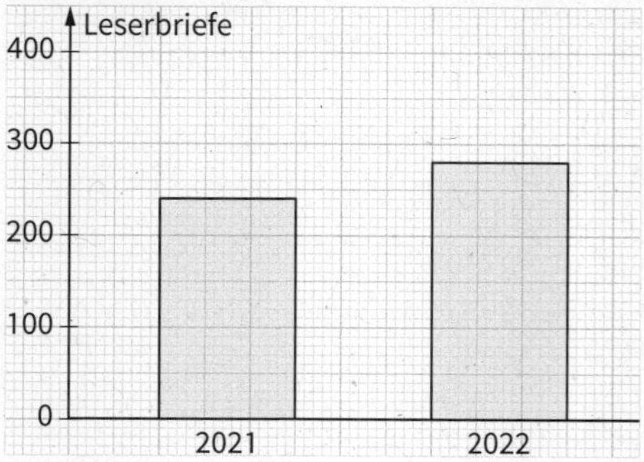

3 Das zweite Diagramm stellt den Rückgang realistisch dar.

Vermischte Übungen

Zu Seite 56

1 a) Hamburg: 95 h 140 h 205 h 256 h
Stuttgart: 115 h 136 h 168 h 193 h
b) Hamburg Durchschnitt: 174 h; Median: 172,5 h; Spannweite 161 h
Stuttgart Durchschnitt: 153 h; Median: 152 h; Spannweite 78 h

2 a) A: Insgesamt wurden 200 Jugendliche befragt.
b)

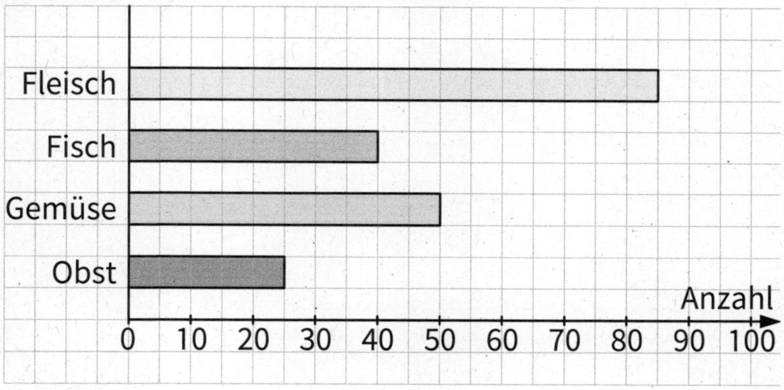

c) Das zweite und dritte Diagramm stellen das Ergebnis richtig dar.
d) a) falsch b) wahr c) wahr

Grundvorstellungen zum Umfang

Zu Seite 57

1 Der Umfang ist ungefähr 24 cm.

2 Es gilt: $u \approx 3 \cdot d$ a) $u \approx 270$ cm b) $u \approx 210$ cm c) $u \approx 150$ cm d) $u \approx 360$ cm

3 a) $d = 30$ cm; $u = 94$ cm b) $d = 4$ cm; $u = 12{,}6$ cm

Lösungen

Umfang eines Kreises

Zu Seite 58

1 $u = \pi \cdot d$ $u = 2 \cdot \pi \cdot r$ $u = 3{,}14 \cdot 4$ cm $u = 2 \cdot 3{,}14 \cdot 2$ cm $u = 12{,}56$ cm $u = 12{,}56$ cm

2 a) $u = 3{,}14 \cdot 2$ cm $= 6{,}28$ cm
b) $u = 2 \cdot 3{,}14 \cdot 2$ cm $= 12{,}56$ cm
c) $u = 3{,}14 \cdot 5$ cm $= 15{,}7$ cm
d) $u = 2 \cdot 3{,}14 \cdot 5$ cm $= 31{,}4$ cm

3

	a)	b)	c)	d)	e)	f)
Radius (r)	4 cm	5 cm	20 cm	40 cm	7 cm	11 cm
Durchmesser (d)	8 cm	10 cm	40 cm	80 cm	14 cm	22 cm
Umfang (u)	25,12 cm	31,4 cm	125,6 cm	251,2 cm	43,96 cm	69,08 cm

Umfang eines Kreises

Zu Seite 59

1 a) d = 5 cm; u = 15,7 cm
b) d = 3 cm; u = 9,42 cm
c) d = 6 cm; u = 18,84 cm

2 d = 122 m; $u = 3{,}14 \cdot 122$ m = 383,08 m.
A: Der Fahrweg einer Umdrehung beträgt 383,08 m.

3 a) r = 23 m; $u = 2 \cdot 3{,}14 \cdot 23$ m = 144,44 m.
A: Die Spitze des großen Zeigers legt 144,44 m in der Stunde zurück.
b) r = 17 m; $u = 2 \cdot 3{,}14 \cdot 17$ m = 106,76 m; Anzahl der Umdrehungen: 24
A: Die Spitze des kleinen Zeigers legt 2 562,24 m am Tag zurück.

Flächeninhalt eines Kreises

Zu Seite 60

1 $A = \pi \cdot r^2$; $A = 3{,}14 \cdot (2\text{ cm})^2$; $A = 12{,}56\text{ cm}^2$

2 a) r = 1 cm; $A = 3{,}14\text{ cm}^2$
b) r = 2,5 cm; $A = 19{,}625\text{ cm}^2$
c) r = 1,5 cm; $A = 7{,}065\text{ cm}^2$

3

	a)	b)	c)	d)	e)	f)
Radius (r)	6 cm	15 cm	25 cm	23 cm	34 cm	17 cm
Durchmesser (d)	12 cm	30 cm	50 cm	46 cm	68 cm	34 cm
Flächeninhalt (A)	113,04 cm^2	706,5 cm^2	1962,5 cm^2	1661,06 cm^2	3629,84 cm^2	907,46 cm^2

Flächeninhalt eines Kreises

Zu Seite 61

1 a) $A = 12{,}56\text{ cm}^2$
b) $A = 78{,}5\text{ cm}^2$
c) $A = 153{,}86\text{ cm}^2$
d) $A = 28{,}26\text{ cm}^2$

2 r = 9 m; $A = 3{,}14 \cdot 9\text{ m} \cdot 9\text{ m} = 254{,}34\text{ m}^2$. A: Die bewässerte Fläche ist $254{,}34\text{ m}^2$ groß.

3 a) r = 4 m; $A = 3{,}14 \cdot 4\text{ m} \cdot 4\text{ m} = 50{,}24\text{ m}^2$.
A: Die Fläche, auf der die Ziege grasen kann, ist $50{,}24\text{ m}^2$ groß.
b) r = 8 m; $A = 200{,}96\text{ m}^2$.
A: Die Fläche beträgt nun $200{,}96\text{ m}^2$.

Kreisausschnitt und Kreisring

Zu Seite 62

1 a) Kreis: $A = 50{,}24\,cm^2$ b) Halbkreis: $A = 25{,}12\,cm^2$
c) Viertelkreis: $A = 12{,}56\,cm^2$ d) Achtelkreis: $A = 6{,}28\,cm^2$

2 halbe Maxi-Pizza: $A = 759{,}88 cm^2$; kleine Pizza: $A = 379{,}94 cm^2$
Bei einer halben Maxi-Pizza bekommt man mehr (doppelt so viel!) als bei einer ganzen kleinen Pizza.

3 Größe der Verkehrsinsel: $A_1 = 113{,}04\,m^2$ Größe des Blumenbeets: $A_2 = 28{,}26\,m^2$
Größe der Rasenfläche: $A = A_1 - A_2$; $A = 84{,}78\,m^2$

4 a) $A = 9{,}42\,m^2$ (Rechnung: $A = 12{,}56 - 3{,}14$) b) $A = 15{,}7\,m^2$ (Rechnung: $A = 28{,}26 - 12{,}56$)

Üben

Zu Seite 63

1 a) $r = 3$ cm; $d = 6$ cm; $u = 15{,}42$ cm; $A = 14{,}13\,cm^2$
b) $d = 4$ cm; $r = 2$ cm; $l = 4$ cm; $b = 2$ cm; $u = 14{,}28$ cm; $A = 14{,}28\,cm^2$
c) $a = 4$ cm; $d = 2$ cm; $r = 1$ cm; $u = 22{,}28$ cm; $A = 12{,}86\,cm^2$

2 $u = 2 \cdot 3{,}14 \cdot 20\,m + 80\,m \cdot 2 = 285{,}6\,m$; $A = 3{,}14 \cdot 20\,m \cdot 20\,m + 40\,m \cdot 80\,m = 4\,456\,m^2$

3 Fläche von drei kleinen Pizzas: $A = 942\,cm^2$; Preis: 15 €
Fläche von einer großen Pizza: $A = 1\,256\,cm^2$; Preis: 12 €
A: Die drei Freunde sollten sich für die große Pizza entscheiden, da sie mehr Pizza für weniger Geld bekommen.

Vermischte Übungen

Zu Seite 64

1 a) $r = 1{,}5$ cm; $d = 3$ cm b) $r = 2$ cm; $d = 4$ cm c) $r = 1$ cm; $d = 2$ cm

2 $r = 6$ cm; $u = 37{,}68$ cm; $A = 113{,}04\,cm^2$

3 $A = 31{,}44\,cm^2$ (Rechnung: $44\,cm^2 - 12{,}56\,cm^2$)

4 a) Der Platz hat eine Fläche von $A = 200{,}96\,m^2$.
b) Der Umfang des Platzes beträgt 50,24 m.
c) Die Gesamtkosten betragen 15272,96 €.

Geometrische Körper erkennen

Zu Seite 65

1 a) Pyramide b) Zylinder c) Kugel
d) Quader e) Kegel f) Zylinder mit Kegeldach

2 a) Kugel b) Prisma c) Zylinder

3 a) 5 Flächen b) 5 Flächen c) 3 Flächen d) 3 Flächen e) 8 Flächen

Lösungen

Körper beschreiben

Zu Seite 66

1

Name	Quader	Kegel	Prisma	Kugel	Pyramide	Zylinder
Flächen	6	2	5	1	5	3
Ecken	8	1	6	0	5	0
Kanten	12	1	9	0	8	2

2 a), b) und c) sind Prismen

3 Richtige Aussagen: Bei jedem Prisma sind die gegenüberliegenden Flächen gleich groß.
Die Grundflächen eines Prismas sind deckungsgleich.
Der Quader ist ein Prisma.
Die Grundfläche eines Prismas kann quadratisch sein.

4 a) 5 Flächen, 9 Kanten; b) 6 Flächen, 12 Kanten; c) 7 Flächen, 15 Kanten; d) 8 Flächen, 18 Kanten; e) 10 Flächen, 24 Kanten

---

Schrägbilder und Netze von Prismen

Zu Seite 67

1

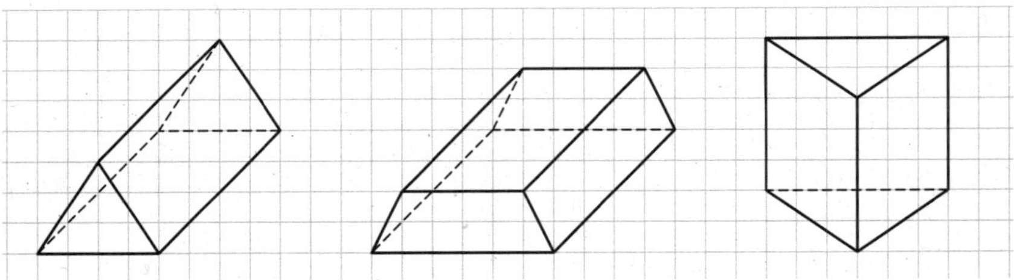

2

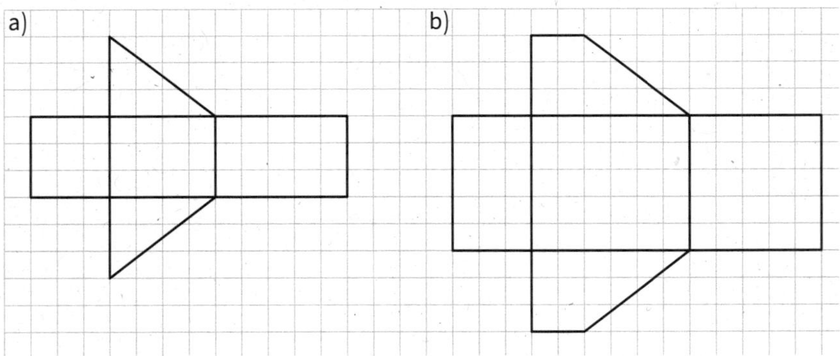

3 a)

Schrägbild	1	2	3	4
Netz	B	A	D	C

b) Ⓐ

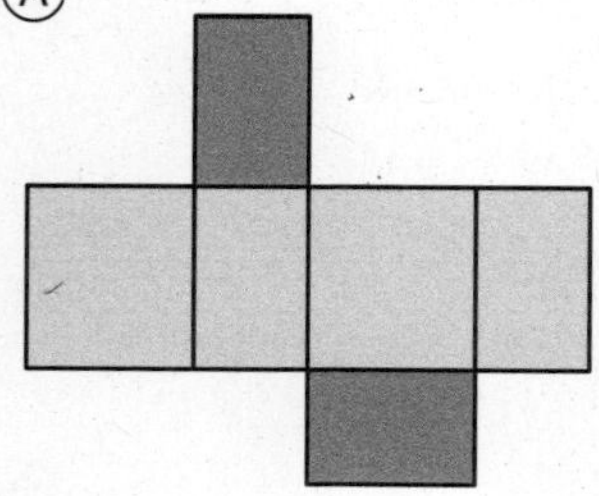

Ⓑ

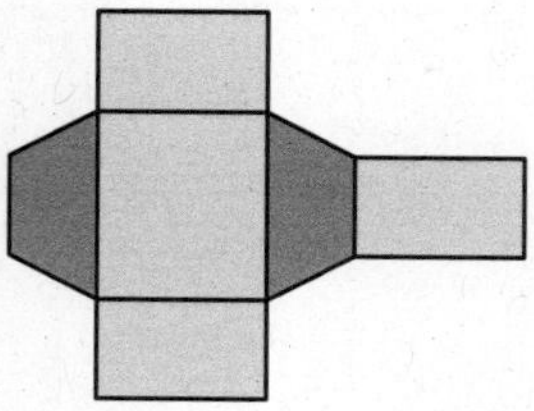

Ⓒ

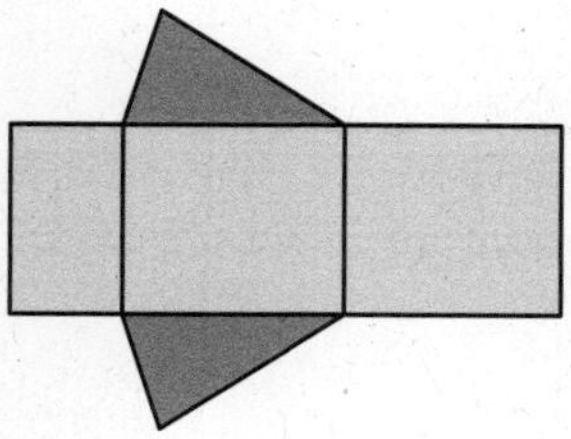

Ⓓ

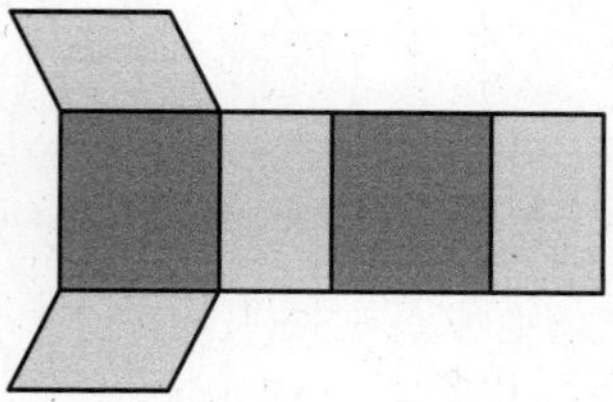

Oberflächeninhalt eines Quaders

Zu Seite 68

1 $O = 94\ cm^2$

2 a) Grundfläche: $18\ cm^2$ Vorderfläche: $30\ cm^2$ Seitenfläche: $15\ cm^2$
$O = 126\ cm^2$

b) Grundfläche: $36\ cm^2$ Vorderfläche: $12\ cm^2$ Seitenfläche: $12\ cm^2$
$O = 120\ cm^2$

Oberflächeninhalt eines Prismas

Zu Seite 69

1 $M = (5 + 3 + 6) \cdot 7$; $M = 14\ cm \cdot 7\ cm$; $M = 98\ cm^2$
$O = 2 \cdot G + M$; $O = 2 \cdot 7{,}5\ cm^2 + 98\ cm^2$; $O = 113\ cm^2$

2 a) $G = 5{,}6\ cm^2$; $M = 44\ cm^2$; $O = 55{,}2\ cm^2$
b) $G = 15\ cm^2$; $M = 80\ cm^2$; $O = 110\ cm^2$
c) $G = 15\ cm^2$; $M = 108\ cm^2$; $O = 138\ cm^2$

Volumen eines Quaders

Zu Seite 70

1 a) $V = a \cdot b \cdot c$; $V = 6\ cm \cdot 5\ cm \cdot 9\ cm$; $V = 270\ cm^3$
b) $V = G \cdot h_k$; $V = 30\ cm^2 \cdot 9\ cm$; $V = 270\ cm^3$

2 a) $V = 18\ cm^2 \cdot 4\ cm$
$V = 72\ cm^3$

b) $V = 25\ cm^2 \cdot 5\ cm$
$V = 125\ cm^3$

c) $V = 42\ cm^2 \cdot 1{,}5\ cm$
$V = 63\ cm^3$

3 a) $V = 360\ cm^3$ b) $V = 320\ cm^3$ c) $V = 972\ cm^3$

Lösungen

Volumen eines Prismas

Zu Seite 71

1 a) $V = 152\,cm^3$ b) $V = 168\,cm^3$ c) $V = 60\,cm^3$

2 a) $V = 105\,cm^3$ b) $V = 336\,cm^3$ c) $V = 97{,}5\,cm^3$

3

	a)	b)	c)	d)	e)	f)
Grundfläche (G)	$55\,cm^2$	$25\,cm^2$	$60\,cm^2$	$20\,cm^2$	$30\,cm^2$	$40\,cm^2$
Körperhöhe (h_k)	10 cm	6 cm	7 cm	5 cm	6 cm	5 cm
Volumen (V)	$550\,cm^3$	$150\,cm^3$	$420\,cm^3$	$100\,cm^3$	$180\,cm^3$	$200\,cm^3$

Volumen und Oberflächeninhalt eines Prismas

Zu Seite 72

1 $V = 28\,cm^2 \cdot 5\,cm$; $V = 140\,cm^3$;
$M = (8 + 8 + 8)\,cm \cdot 5\,cm$; $M = 120\,cm^2$;
$O = 2 \cdot 28\,cm^2 + 120\,cm^2$; $O = 176\,cm^2$

2 Körper A: $V = 91{,}8\,cm^3$; Körper B: $V = 105{,}3\,cm^3$
Körper B hat das größere Volumen.

3 a) $O = 6{,}36\,m^2$ (Rechnung: $O = 2 \cdot 0{,}90 \cdot 1{,}20 + 2 \cdot 0{,}90 \cdot 1{,}00 + 2 \cdot 1{,}20 \cdot 1{,}00$)
Es werden mindestens $6{,}36\,m^2$ Holz benötigt.
b) $V = 1{,}08\,m^3$ (Rechnung: $V = 0{,}9 \cdot 1{,}2 \cdot 1{,}0$)
Es passen $1{,}08\,m^3$ Sand in die Kiste.

Sachaufgaben

Zu Seite 73

1 a) $V = 0{,}75 \cdot 0{,}50 \cdot 0{,}40$; $V = 0{,}15\,m^3$
b) A: Der Anhänger darf nicht randvoll beladen werden, da der Sand dann ein Gewicht von 270 kg hätte und somit die Höchstlast des Anhängers überschritten wäre.

2 A: Es werden $12\,320\,m^3$ Erde für einen 80 m langen Abschnitt benötigt.

3 Fassungsvermögen: a) 140 l b) 298,65 l c) 219,45 l

Oberflächeninhalt eines Zylinders

Zu Seite 74

1 a) $G = 28{,}26\,cm^2$; $M = 169{,}56\,cm^2$; $O = 2 \cdot G + M$; $O = 226{,}08\,cm^2$
b) $G = 254{,}34\,cm^2$; $M = 423{,}9\,cm^2$; $O = 2 \cdot G + M$; $O = 932{,}58\,cm^2$
c) $G = 50{,}24\,cm^2$; $M = 138{,}16\,cm^2$; $O = 2 \cdot G + M$; $O = 238{,}64\,cm^2$

2 $G = 78{,}5\,cm^2$; $M = 376{,}8\,cm^2$; $O = 2 \cdot G + M$; $O = 533{,}8\,cm^2$
Man benötigt $533{,}8\,cm^2$ Blech.

Volumen eines Zylinders

Zu Seite 75

1 a) $G = 153{,}86\,cm^2$; $V = 3\,077{,}2\,cm^3$ b) $G = 452{,}16\,cm^2$; $V = 7\,234{,}56\,cm^3$
c) $G = 50{,}24\,cm^2$; $V = 1\,291{,}168\,cm^3$

2 a) $G = 113{,}04\ m^2$; $V = 1\,469{,}52\ m^3$. Es passen $1\,469{,}52\ m^3$ Öl in den Tank.
b) $G = 2{,}5434\ m^2$; $V = 27{,}9774\ m^3$. Es passen $27{,}9774\ m^3$ Öl in den Tank.

Üben: Volumen und Oberflächeninhalt eines Zylinders

Zu Seite 76

1

	V	O
Eine Dose wird aus Blech hergestellt.		x
Eine Regentonne wird geleert.	x	
Ein kreisrundes Silo wird mit Getreide befüllt.	x	
Eine Konservendose erhält eine Schutzschicht gegen Rost.		x
Eine Dose wird mit Farbe gefüllt.	x	

2 a) Der Flächeninhalt der Grundfläche beträgt $1\,256\ m^2$. Der Flächeninhalt der Mantelfläche beträgt $5\,024\ m^2$.
b) Das Volumen des Gasometers beträgt $50\,240\ m^3$.

3 Der Pool enthält $15{,}072\ m^3$ Wasser.

4 a) Es werden $0{,}942\ m^3$ Heu in den Ballen gepresst.
b) Es werden $5{,}338\ m^2$ Folie für einen Ballen benötigt.

Üben: Zusammengesetzte Körper

Zu Seite 77

1 a) Quader: $V_1 = 1\,596\ cm^3$; Zylinder: $G = 28{,}26\ cm^2$; $V_2 = 197{,}82\ cm^3$.
Gesamtvolumen: $V = V_1 + V_2$; $V = 1\,793{,}82\ cm^3$
b) großer Zylinder: $G = 78{,}5\ cm^2$, $V_1 = 235{,}5\ cm^3$;
kleiner Zylinder: $G = 12{,}56\ cm^2$; $V_2 = 50{,}24\ cm^3$.
Gesamtvolumen: $V = V_1 + V_2$; $V = 285{,}74\ cm^3$

2 großer Zylinder: $G = 176{,}625\ cm^2$; $V_1 = 706{,}5\ cm^3$;
kleiner Zylinder (ausgehöhlter Teil): $G = 78{,}5\ cm^2$; $V_2 = 314\ cm^3$.
Gesamtvolumen: $V = V_1 - V_2$; $V = 392{,}5\ cm^3$

Vermischte Übungen

Zu Seite 78

1 $V = 12\ cm \cdot 6\ cm \cdot 15\ cm$
$V = 1\,080\ cm^3$

$O = 2 \cdot 12 \cdot 6 + 2 \cdot 12 \cdot 15 + 2 \cdot 6 \cdot 15$
$O = 684\ cm^2$

2 a) $V = 120\ cm^3$ b) $V = 900\ cm^3$ c) $V = 1\,200\ cm^3$

3 a) $V = G \cdot h_k = 10{,}8\ cm^2 \cdot 13\ cm = 140{,}4\ cm^3$
A: In die Verpackung passen $140{,}4\ cm^3$ Schokolade.
b) $M = 15 \cdot 13 = 195\ cm^3$
A: Die Mantelfläche ist $195\ cm^2$ groß.

4 Volumen: $\pi \cdot r^2 \cdot h_k \approx 3{,}14 \cdot 4^2 \cdot 12 = 602{,}88\ cm^2$
Oberflächeninhalt: $G = 50{,}24\ cm^2$, $M = 301{,}44\ cm^2$, $O = 2 \cdot G + M = 401{,}92\ cm^2$

Lösungen

Alles paletti

Zu Seite 79

1 a) x = 3 b) x = 7

2 a) 2x + 5 = 23; x = 9 b) 2x + 4 = x + 8; x = 4

3 a) x + 8 = 25
x = 17
b) x – 5 = 19
x = 24
c) x + 5 = 53
x = 48

4 a) 4x - 6 = 2x
x = 3
b) 44 – 2x = 3x + 4
x = 8
c) 17 + 2x = 3x + 19
x = –2

Alles paletti

Zu Seite 80

5

Zinsatz	1 %	3 %	6 %	9 %	10 %	12 %
Zinsen	80 €	240 €	480 €	720 €	800 €	960 €

6 a)

Kapitel 600 €	
%	€
100	600
1	6
2	12

Zinsen für ein Jahr: 12 €

b)

Kapitel 700 €	
%	€
100	700
1	7
2	14

Zinsen für ein Jahr: 14 €

c)

Kapitel 1800 €	
%	€
100	1800
1	18
2	36

Zinsen für ein Jahr: 36 €

7 a)

Kapitel 580 €	
%	€
100	580
1	5,80
2	11,60

Zinsen für ein Jahr: 11,60 €.
Guthaben am Jahresende: 591,60 €.

b)

Kapitel 1 740 €	
%	€
100	1 740
1	17,40
3	52,20

Zinsen für ein Jahr: 52,50 €.
Guthaben am Jahresende: 1792,50 €.

8

Jahreszinsen	
%	€
100	6480
1	64,80
1,2	77,76

Tageszinsen	
Tage	€
360	77,76
1	0,216
210	45,36

Tageszinsen für 210 Tage: 45,36 €.

Alles paletti

Zu Seite 81

9 Berechnet werden muss: a) Umfang b) Flächeninhalt c) Flächeninhalt d) Umfang

10 a) a = 3,5 cm; b = 2 cm
A = 7 cm^2
b) g = 4 cm; h_g = 2,5 cm
A = 10 cm^2
c) g = 4 cm h_g = 3 cm
A = 6 cm^2

11 u = 54 cm A = 126 cm^2

12 a) von links nach rechts: 8 m; 5 m
b) Fläche A_1: 40 m^2 Fläche A_2: 20 m^2
c) Gesamtfläche: 60 m^2

Alles paletti

Zu Seite 82

13 a)

Anzahl	€
5	3,50
1	0,70
12	8,40
Preis für 12 Stifte: 8,40 €	

b)

Anzahl	€
4	1,00
1	0,25
7	1,75
Preis für 7 Patronen: 1,75 €	

14 In einer halben Stunde fährt Herr Dux 45 km weit.

15

h	km
3	39
1	13

Pro Stunde legt Paolo 13 km zurück.

16 a)

Lkw	Fahrten
2	10
1	20
5	4

b)

Lkw	Fahrten
3	12
1	36
4	9

c)

Lkw	Fahrten
5	9
1	45
3	15

17 a)

Arbeitszeit	
Personen	h
5	10
1	50
2	25
antiproportional	

b)

Preis	
Bohrer	€
2	9,00
1	4,50
3	13,50
proportional	

c)

Fahrtdauer	
km	h
300	6
100	2
400	8
proportional	

Lösungen

Alles paletti

Zu Seite 83

18 a) Arithmetisches Mittel: 222
b) 130 h; 190 h; 230 h; 240 h; 320 h
Median: 230 h Spannweite: 190 h

19 a) $r = 4\,cm;\ u = 2\pi r \approx 2 \cdot 3{,}14 \cdot 4\,cm = 25{,}12\,cm;\ A = \pi r^2 \approx 3{,}14 \cdot 16\,cm^2 = 50{,}24\,cm^2$
b) $r = 4{,}5\,cm;\ u = \pi r + d \approx 3{,}14 \cdot 4{,}5\,cm + 9\,cm = 23{,}13\,cm;\ A = \frac{\pi r^2}{2} \approx \frac{3{,}14 \cdot (4{,}5\,cm)^2}{2} = 31{,}7925\,cm^2$

20 $u = 2\pi r \approx 2 \cdot 3{,}14 \cdot 6 = 37{,}68\,m;\ A = \pi r^2 \approx 3{,}14 \cdot (6\,cm)^2 = 113{,}04\,m^2$

21 $V = 12\,cm \cdot 5\,cm \cdot 6\,cm = 360\,cm^3$

Alles Paletti

Zu Seite 84

22 a) $V = 10\,cm^2 \cdot 4\,cm$
$V = 40\,cm^3$
b) $V = 14\,cm^2 \cdot 6\,cm$
$V = 84\,cm^3$
c) $V = 12\,cm^2 \cdot 14\,cm$
$V = 168\,cm^3$

23

	a)	b)	c)	d)	e)	f)
Grundfläche (G)	$55\,cm^2$	$25\,cm^2$	$60\,cm^2$	$20\,cm^2$	$30\,cm^2$	$40\,cm^2$
Körperhöhe (h_k)	10 cm	6 cm	7 cm	5 cm	6 cm	5 cm
Volumen (V)	$550\,cm^3$	$150\,cm^3$	$420\,cm^3$	$100\,cm^3$	$180\,cm^3$	$200\,cm^3$

24 $M = (6\,cm + 8\,cm + 4\,cm) \cdot 5\,cm$
$M = 18\,cm \cdot 5\,cm$
$M = 90\,cm^2$

$O = 2 \cdot G + M$
$O = 2 \cdot 11{,}6\,cm^2 + 90\,cm^2$
$O = 113{,}2\,cm^2$

25 a) $V = G \cdot h_k;\ V = 12{,}6\,cm^2 \cdot 12\,cm;\ V = 151{,}2\,cm^3$
Es passen $151{,}2\,cm^3$ Schokolade in die Verpackung.
b) $u = \pi \cdot d;\ u = 3{,}14 \cdot 4\,cm;\ u = 12{,}56\,cm$
$M = u \cdot h_k;\ M = 12{,}56\,cm \cdot 12\,cm;\ M = 150{,}72\,cm^2$
Die Mantelfläche ist $150{,}72\,cm^2$ groß.

Beilage zum Förderheft Mathematik 8

Grafiken: |Wojczak, Michael, Braunschweig: 3.1, 3.2, 3.3, 16.1, 17.1, 17.2, 17.3, 18.1, 19.1, 20.1, 21.1, 21.2, 21.3, 22.1, 22.2, 22.3, 22.4, 22.5, 23.1, 24.1, 24.2, 25.1, 28.1, 28.2, 29.1.

ISBN 978-3-14-**151789**-7

Antiproportionale Zuordnungen

1 Wie viel Minuten benötigen die vier Mädchen für die Arbeit?

	Personen	min	
· 2	2	10	: 2
	4		

A: ______________________________

2 Wie viel Zeit wird benötigt?

a) **Einpflanzen**

	Personen	min	
· 3	3	60	: 3
	9		

b) **Bewässern**

	Personen	min	
· __	1	20	: __
	5		

c) **Umtopfen**

	Personen	min	
__	2	80	__
	10		

3 Wie lange reicht der Futtervorrat?

	Tiere	Tage	
: 5	5	6	· 5
· 6	1	30	: 6
	6		

A: ______________________________

4 Wie lange reicht das Futter?

a)

Tiger	Tage
3	8
1	24
4	

b)

Seehunde	Tage
8	10
1	
20	

c)

Vögel	Tage
700	2
100	
200	

5 Wie viele Fahrten sind nötig? Löse mit einer Tabelle.

a) 5 Lkw: 12 Fahrten
6 Lkw: _____ Fahrten

b) 4 Lkw: 18 Fahrten
3 Lkw: _____ Fahrten

c) 8 Lkw: 18 Fahrten
9 Lkw: _____ Fahrten

Proportionale und antiproportionale Zuordnungen

1 Ist die Zuordnung proportional (p) oder antiproportional (a)? Kreuze an.

		p	a
a)	Im Fachgeschäft kosten 2 Leselampen 30 €. Wie viel Euro kosten 5 Leselampen?		
b)	Um Steine zur Baustelle zu bringen, müssen 5 Lkw je viermal fahren. Es können aber nur 4 Lkw eingesetzt werden. Wie oft muss jeder Lkw fahren?		
c)	Mit 5 ℓ Farbe kann eine Fläche von 20 m² gestrichen werden. Für wie viele m² reicht die Hälfte der Farbe?		
d)	Der Futtervorrat reicht, um 9 Pferde vier Wochen lang zu füttern. Im Stall stehen aber 12 Pferde. Wie lange reicht der Futtervorrat?		

2 Ist die Zuordnung proportional oder antiproportional?
Trage ein, dann ergänze die fehlenden Werte in der Tabelle.

a) **Warentransport**

Lkw	Fahrten
3	8
1	
4	

b) **Kosten**

Stühle	€
5	150
1	
2	

c) **Lackieren**

Maler	min
2	60
1	
3	

3 Wie viel Kilometer legt das Auto in einer Stunde zurück?

h	km

A:

4 Herr Porter fährt in einer halben Stunde 45 km.
Wie viel Kilometer sind das pro Stunde?

min	km

A:

5 Wie viele Gabelstapler müssen eingesetzt werden, um die Arbeit nach 8 Stunden zu beenden?

Stapler	h

A:

Proportionale und antiproportionale Zuordnungen

1

Im Streichelzoo leben 20 Tiere.
Außer dem normalen Futter erhalten alle Tiere zusammen täglich 30 kg Spezialfutter. Für 5 kg dieses Futters zahlt der Zoo 20 €.
Für das Füttern der Tiere benötigen 4 Personen jeden Tag 30 Minuten.
Für die Reinigung der Ställe benötigen 3 Personen jeden Tag 4 Stunden.

a) F: Wie viel Kilogramm Spezialfutter werden für 10 Tiere benötigt?

A: ______________________________

b) F: Wie viel Euro kosten 25 kg Spezialfutter?

A: ______________________________

c) F: Wie viel Minuten benötigen 2 Personen für das Füttern?

A: ______________________________

d) F: Wie viel Stunden benötigen 6 Personen zum Reinigen der Ställe?

A: ______________________________

2 Vervollständige die Tabelle.

a) Dauer des Einsatzes von Maschinen

Anzahl	1	2	3	4	5	6
min	120	60				

b) Preis für Trockenfutter

kg	1	2	3	4	5	6
€	5,10			20,40		

3 Proportional oder antiproportional? Rechne im Kopf oder schriftlich.

a) **Füttern**

Helfer	min
3	60
6	

b) **Futterkosten**

kg	€
9	45,90
10	

c) **Eintrittspreise**

Kinder	€
5	17,50
7	

d) **Pflegen**

Helfer	min
2	48
3	

Graphen proportionaler und antiproportionaler Zuordnungen

1 Zur doppelten Menge gehört der doppelte Preis.

a) Vervollständige die Tabelle.
b) Markiere die Werte der Tabelle im Schaubild.

Bücher	
Anzahl	€
1	8
2	
3	
4	
5	
6	

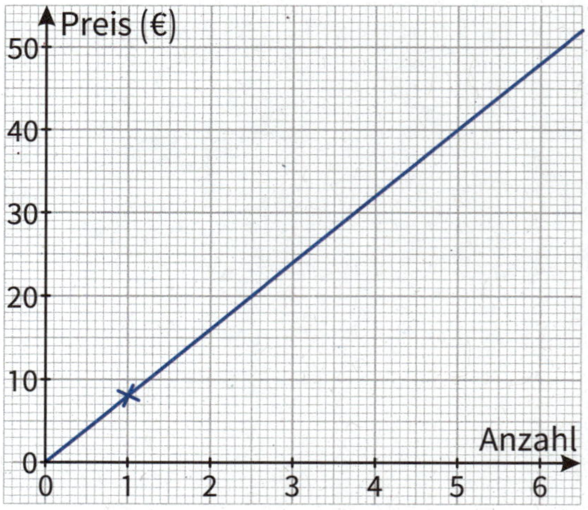

2 Vervollständige die Tabelle und das zugehörige Schaubild.

Hefte	
Anzahl	€
1	
2	
3	1,50
4	2,00
5	2,50
6	
7	
8	

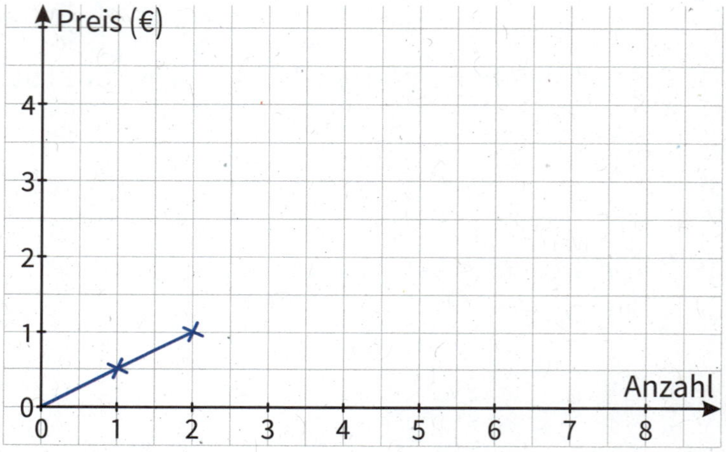

3 Für das Schulfest werden Hinweisschilder aufgestellt. Je mehr Personen mithelfen, desto weniger Zeit wird benötigt.

a) Vervollständige die Tabelle.
b) Markiere die Werte der Tabelle im Schaubild.

Arbeitsdauer	
Personen	min
1	60
3	20
4	
	12
	10

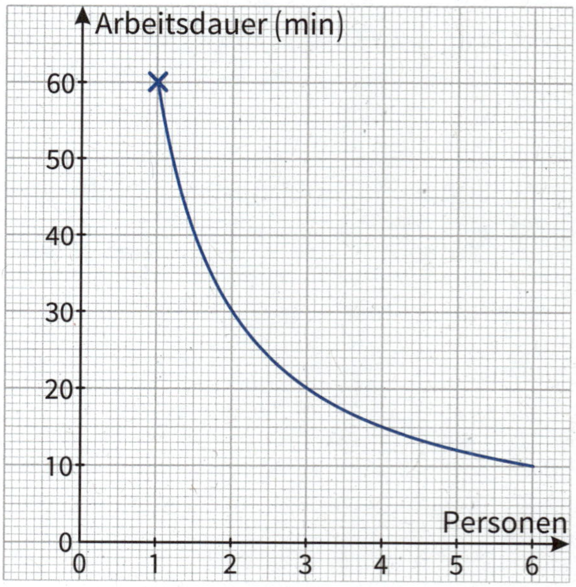

c) Wie viele Minuten würden 10 Personen für die Arbeit benötigen?

A: ____________________

Lineare Funktionen

1 Ein Aquarium wird gereinigt. 20 ℓ Wasser bleiben im Becken, der Rest wird ausgetauscht. In einer Minute werden 5 ℓ Wasser hinzugefüllt.

a) Vervollständige die Tabelle und das Schaubild.

Wassermenge	
min	ℓ
0	20
1	25
2	30
3	
4	
5	
6	
7	
8	

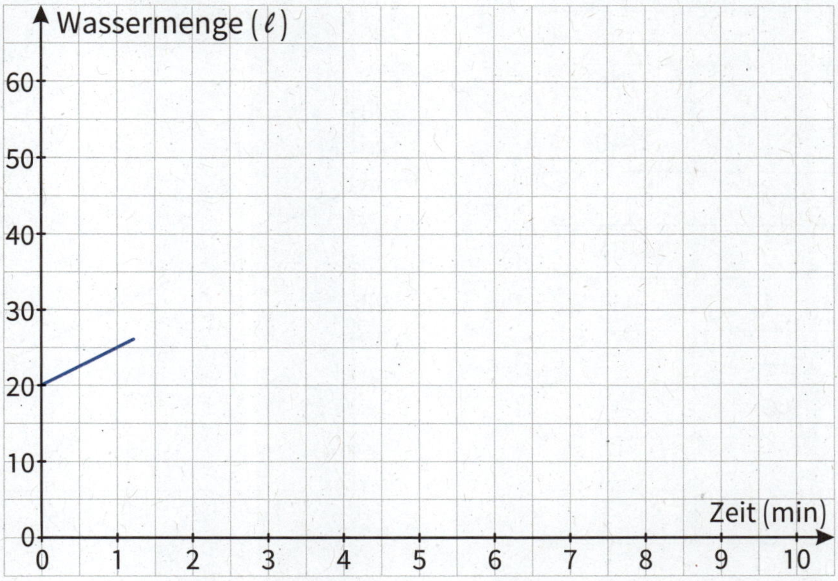

b) Wie viel Liter Wasser sind nach 10 Minuten im Aquarium?

A: ______________________________

2 Wasser fließt gleichmäßig in ein Aquarium. Vervollständige die Tabelle.

a)

Wassermenge	
min	ℓ
0	30
1	36
2	42
3	

b)

Wassermenge	
min	ℓ
0	50
1	60
2	70
10	

c)

Wassermenge	
min	ℓ
0	40
1	45
2	50
4	

3 Ein Taxibetrieb erhebt eine Anfahrtsgebühr von 3,00 €. Für jeden gefahrenen Kilometer berechnet er 1,50 €. Vervollständige die Tabelle und erstelle das zugehörige Schaubild.

Kosten	
km	€
0	3,00
1	4,50
2	6,00
3	7,50
4	
5	
6	
7	

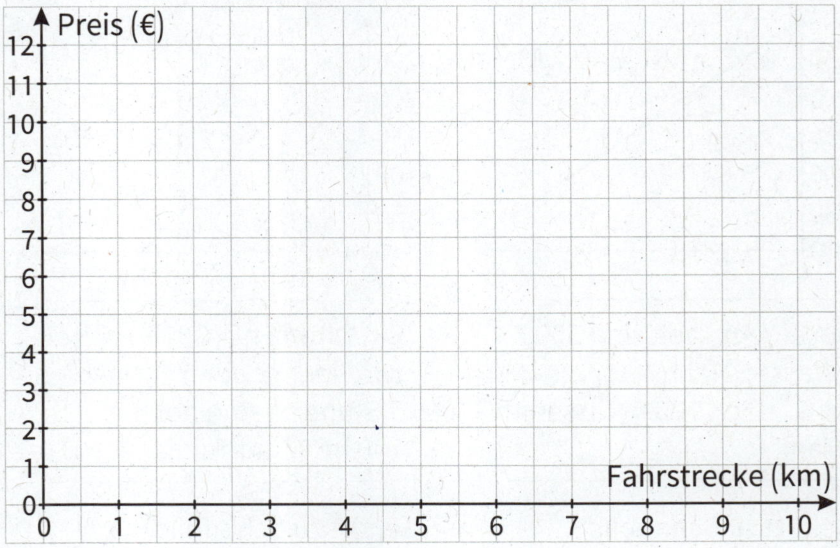

Lineare Funktionen

1 Ein Becken enthält 160 m³ Wasser. In jeder Stunde wird gleich viel Wasser abgepumpt. Lies im Schaubild ab, wie viel m³ Wasser noch im Becken sind. Vervollständige die Tabelle.

Wassermenge	
h	m³
0	160
1	140
2	
3	
4	
5	
6	
7	
8	

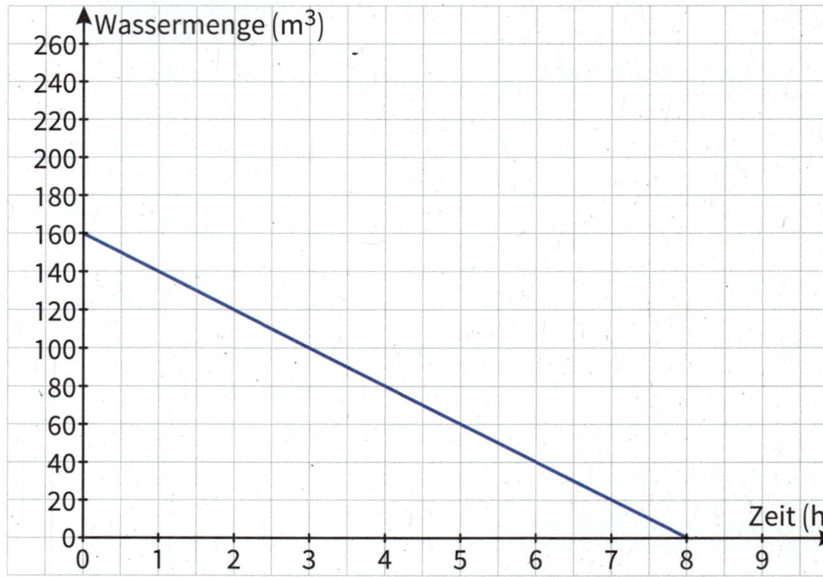

2 Ein Wasserbecken enthält 300 m³ Wasser. Zum Leeren des Beckens wird in jeder Stunde gleich viel Wasser abgepumpt. Vervollständige die Tabelle und das Schaubild.

Wassermenge	
h	m³
0	300
1	250
2	200
3	
4	100
5	
6	

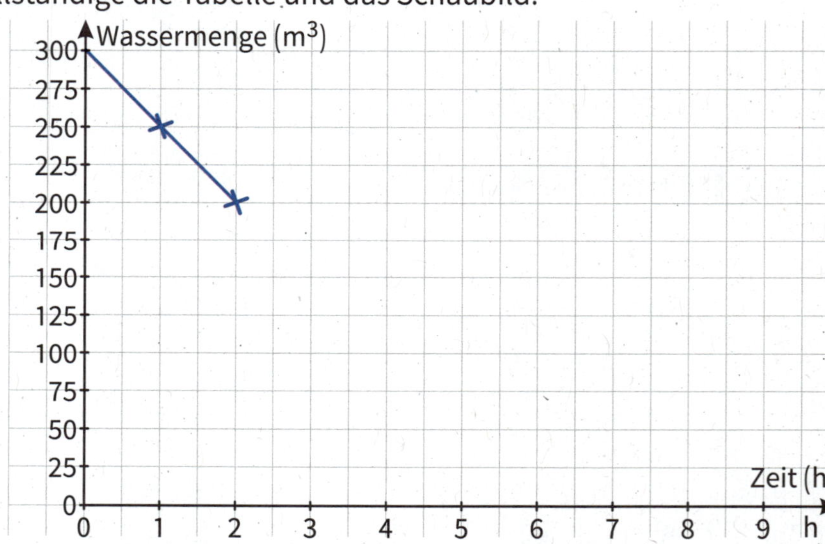

3 Zu jedem Schaubild gehört ein Text. Ordne zu.

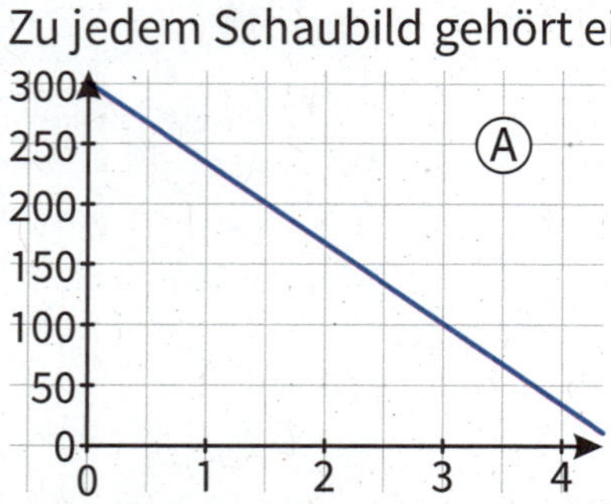

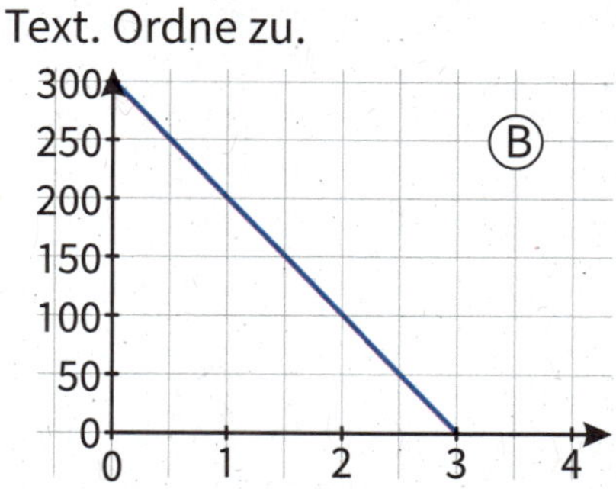

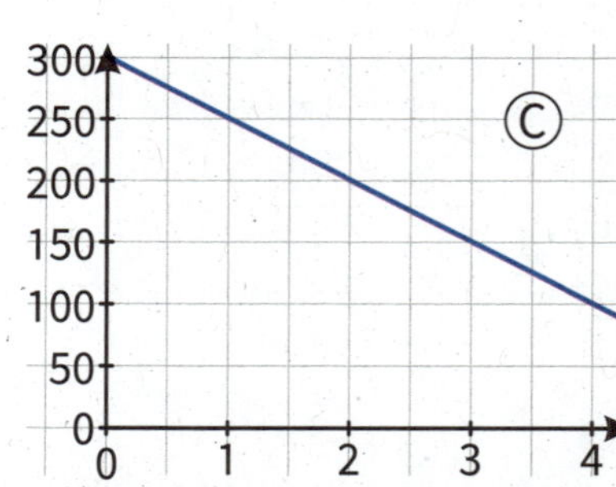

In einem Tank sind 300 ℓ Wasser. Nach 4 Tagen sind noch 100 ℓ Wasser im Tank.

Gehört zu Schaubild ______

Ein Öltank mit 300 m³ Öl wird leer gepumpt. Nach 3 Stunden sind noch 100 m³ Öl im Tank.

Gehört zu Schaubild ______

Ein Zoo hat einen Vorrat von 300 kg Kraftfutter. Nach 3 Wochen ist der Vorrat aufgebraucht.

Gehört zu Schaubild ______

Üben: Zuordnungen – Sachaufgaben

1 Ist die Zuordnung proportional (p) oder antiproportional (a)?
Kreuze an.

	p	a
a) Auf jedem Parkdeck werden 8 Strahler angebracht. Diese kosten zusammen 552 Euro. Wie viel Euro kosten 4 Strahler?		
b) 8 Handwerker benötigen 2 Stunden, um die Strahler anzubringen. Wie lange brauchen 4 Handwerker für diese Tätigkeit?		
c) Für 8 Arbeitsstunden erhält ein Handwerksbetrieb 272 Euro. Wie viel Euro erhält die Firma für 4 Arbeitsstunden?		
d) Mit 8 Maschinen können pro Stunde 480 Pakete verpackt werden. Wie viele Pakete werden mit 4 Maschinen in einer Stunde verpackt?		

2 Ist die Zuordnung proportional oder antiproportional?
Trage ein, dann ergänze die fehlenden Werte in der Tabelle.

a) **Kosten**

Fahrten	€
3	9,60
1	
2	

b) **Arbeitszeit**

Handwerker	h
3	8
1	
4	

c) **Benzinverbrauch**

km	ℓ
200	12
100	
500	

3 Wie viele Bagger braucht man, um die Arbeit nach 6 Stunden zu beenden?

Bagger	h

A: ______________________

4 Für die Vorbereitung des Schulfests wird an 5 Tagen je 6 Stunden lang gearbeitet.
Für das Aufbauen und Bestücken der Stände braucht eine Person 30 Stunden.
a) Vervollständige die Tabellen.
b) Eine der Tabellen gehört zu einer proportionalen Zuordnung.
Erstelle dazu das Schaubild.

Tage	h
1	6
2	12
3	
4	
5	

Personen	h
1	30
2	15
3	
4	
5	

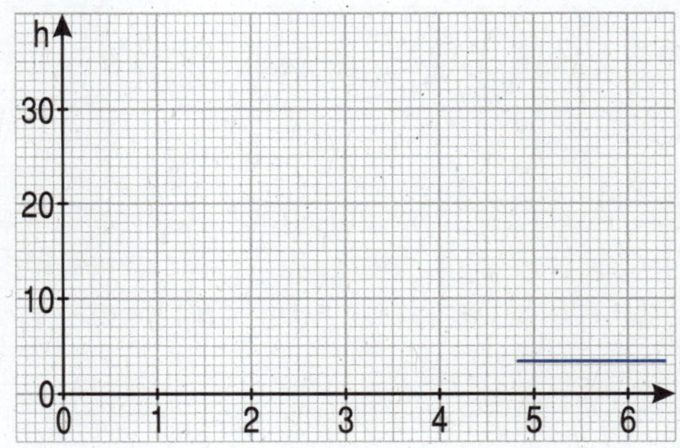

Vermischte Übungen

1 Berechne den fehlenden Preis.

a)

Stifte	
Anzahl	€
2	1,50
8	

b)

Hefte	
Anzahl	€
6	3,60
3	

c)

Minen	
Anzahl	€
10	4,50
20	

d)

Patronen	
Anzahl	€
6	4,80
12	

2

Frau Hackmann kauft 10 Schreibblöcke.

F: ______________________________

A: ______________________________

3 Vervollständige die Tabelle. Trage das Ergebnis ein.

a) Lohn für 5 Arbeitsstunden: 42,50 €
Lohn für 6 Arbeitsstunden: ________ €

h	€
5	
1	
6	

b) Lohn für 2 Arbeitsstunden: 18 €
Lohn für 40 Arbeitsstunden: ________ €

h	€

4 Wie lange dauert die Arbeit? Vervollständige die Werte in der Tabelle.

a)

Lackieren	
Maler	h
3	8
6	

b)

Betonieren	
Maschinen	h
3	8
1	

c)

Kies fahren	
Lkw	h
2	10
4	

5 Vervollständige auch hier die Werte zur Arbeitsdauer.

a)

Müll entsorgen	
Personen	min
5	30
1	
3	

b)

Ställe kontrollieren	
Personen	min
6	10
1	
5	

c)

Fenster putzen	
Personen	min
4	60
1	
6	

6 Ein Taxiunternehmer erhebt eine Anfahrtsgebühr von 3,50 €.
Für jeden gefahrenen Kilometer berechnet er 1,50 €.
Frau Jansen muss für eine Strecke von 8 km bezahlen.

F: ______________________________

A: ______________________________

6 Daten erheben und auswerten

Daten erfassen und auswerten

1 Bei einer Umfrage haben Kinder ihr Lieblingshaustier auf einen Zettel geschrieben.

~~Hund~~ Katze Vogel Hamster ~~Hund~~ ~~Hund~~ Katze ~~Hund~~

~~Hund~~ Hamster Vogel Katze Katze ~~Hund~~ Katze

~~Hund~~ Hamster ~~Hund~~ ~~Hund~~ Vogel ~~Hund~~ ~~Hund~~

Katze Hamster Hamster Katze Vogel Katze Vogel Hamster

a) Erfasse in einer Strichliste, wie oft jedes Tier genannt wurde. Vervollständige die Tabelle.
b) Stelle das Ergebnis der Umfrage in einem Säulendiagramm dar.

Lieblingstier	Anzahl der Stimmen	
Hund	IIII IIII I	11
Vogel		
Katze		
Hamster		

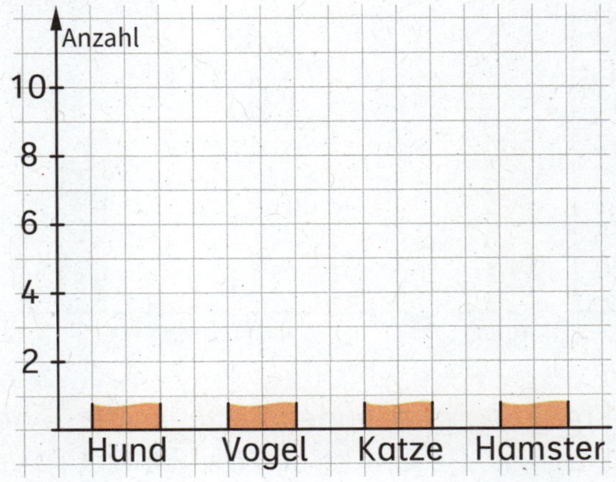

2 Nach einem Besuch im Zoo wurden Jugendliche nach ihrem liebsten Zootier gefragt. Dazu wurde die Tabelle erstellt.

Tier	Elefant	Löwe	Tiger	Bär	Giraffe	Schimpanse	Kamel
Anzahl der Stimmen	80	45	40	120	95	135	70

a) Stelle das Ergebnis der Umfrage in einem Balkendiagramm dar.

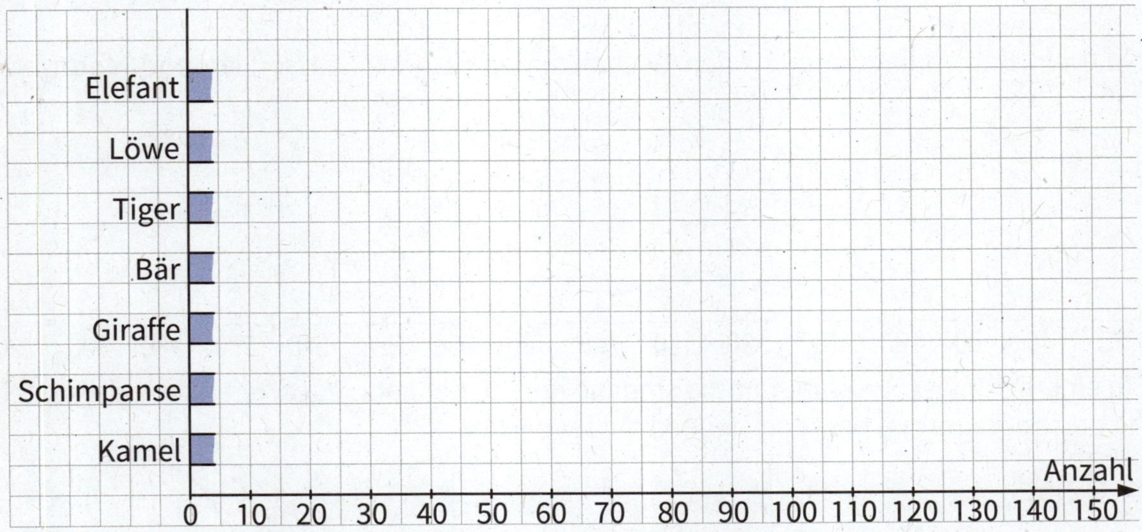

b) Ordne die Tiere nach der Anzahl der Stimmen. Beginne mit dem beliebtesten Tier.

Diagramme

In der Tabelle zur Verkehrszählung vor der Brunnenschule fehlen einige Zahlen. Das Diagramm ist noch nicht vollständig gezeichnet.

Uhrzeit	8–9	9–10	10–11	11–12	Gesamtzahl
Pkw	70	80			
Busse/Lkw		30	50		
Motorräder	30			35	
Fahrzeuge insgesamt von 8 Uhr bis 12 Uhr					

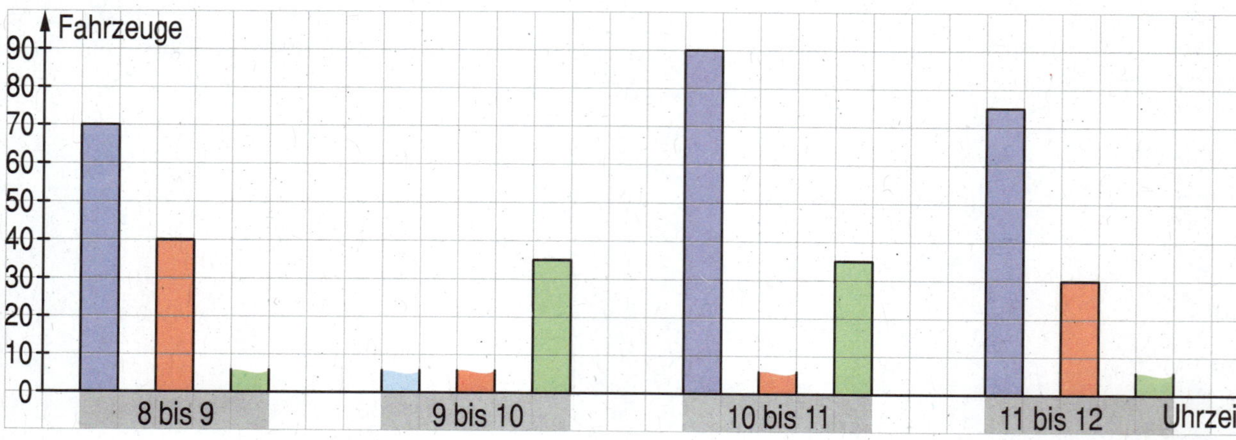

1 a) Ergänze die fehlenden Zahlen in der Tabelle. Zeichne die fehlenden Säulen.
b) Trage die Gesamtzahlen der Fahrzeuge von 8 Uhr bis 12 Uhr in die Tabelle ein.

2 Wahr oder falsch? Kreuze an.

		wahr	falsch
a)	Die meisten Pkw wurden von 10 Uhr bis 11 Uhr gezählt.		
b)	Die Gesamtzahl der Pkw zwischen 8 Uhr und 12 Uhr war kleiner als 200.		
c)	Von 8 Uhr bis 9 Uhr waren es 45 Pkw mehr als Motorräder.		
d)	Von 8 Uhr bis 12 Uhr waren es insgesamt mehr als 700 Fahrzeuge.		

3 a) Zeichne ein Balkendiagramm zu den Gesamtzahlen für Pkw, Busse/Lkw und Motorräder.

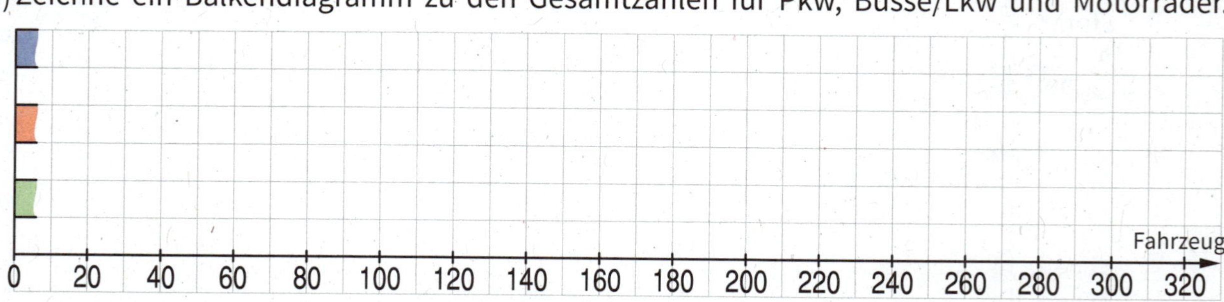

b) Nur in einem der vier Kreisdiagramme sind die Anteile der Fahrzeugarten richtig dargestellt. Färbe dieses Diagramm passend zu den Fahrzeugarten.

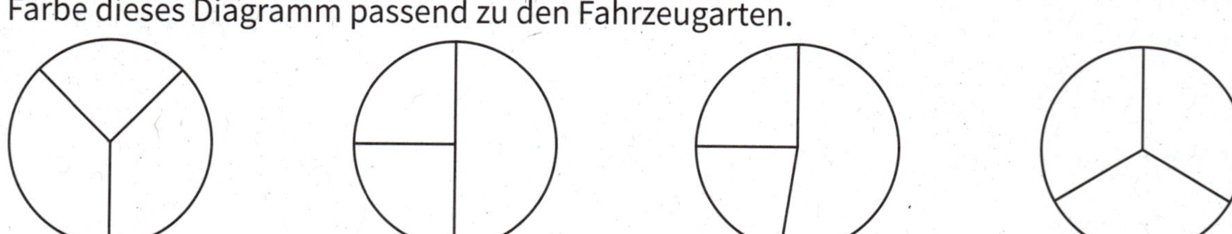

Diagramme

1

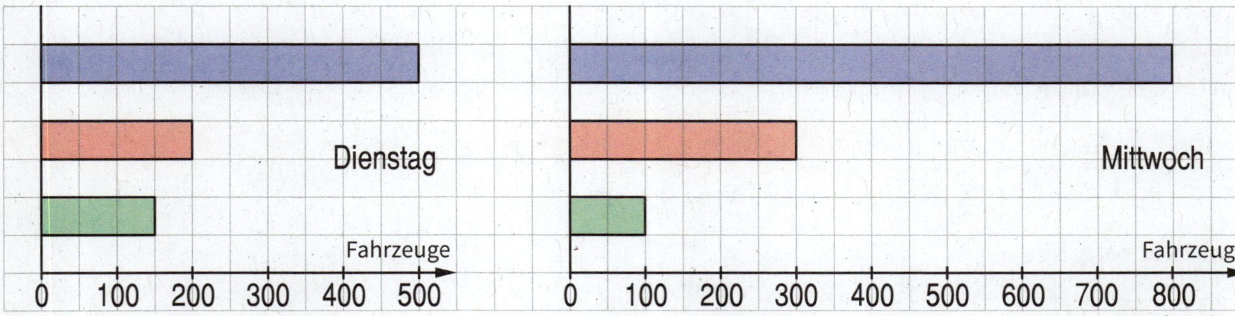

In den beiden Diagrammen sind die Zahlen der Verkehrszählung für Dienstag und Mittwoch dargestellt.

a) Lies ab, wie viele Fahrzeuge es jeweils waren. Trage die Zahlen in die Tabelle ein.

b) Trage für jeden Tag die Gesamtzahl der Fahrzeuge in die Tabelle ein.

	Di	Mi
Pkw		
Busse/Lkw		
Motorräder		
Gesamtzahl der Fahrzeuge		

c) Die Anteile der Fahrzeugarten für Dienstag und Mittwoch sind in einem Kreisdiagramm und in einem Streifendiagramm dargestellt. Zu welchen Wochentagen gehören die Diagramme? Schreibe zu jedem Diagramm den zugehörigen Wochentag.

2 Die Tabelle wurde zu den Verkehrszählungen am Donnerstag und Freitag erstellt. Sie zeigt für jeden Tag, wie viel Prozent aller Fahrzeuge auf die Fahrzeugarten entfielen.

	Do	Fr
Pkw	70%	55%
Busse/Lkw	20%	20%
Motorräder	10%	25%

a) Die Anteile der Fahrzeugarten sollen für jeden Tag in einem Kreisdiagramm dargestellt werden. Schreibe zu jedem Diagramm den zugehörigen Wochentag. Färbe jedes Diagramm passend zu den Fahrzeugarten.

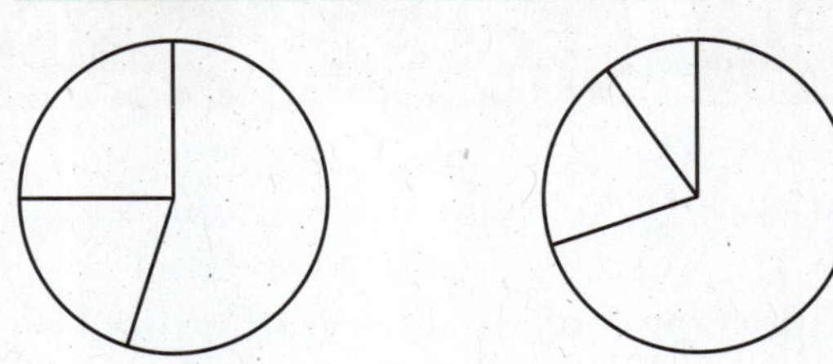

b) Färbe das Streifendiagramm für Donnerstag passend zu den Fahrzeugarten. Erstelle das Streifendiagramm für Freitag.

Donnerstag

Freitag

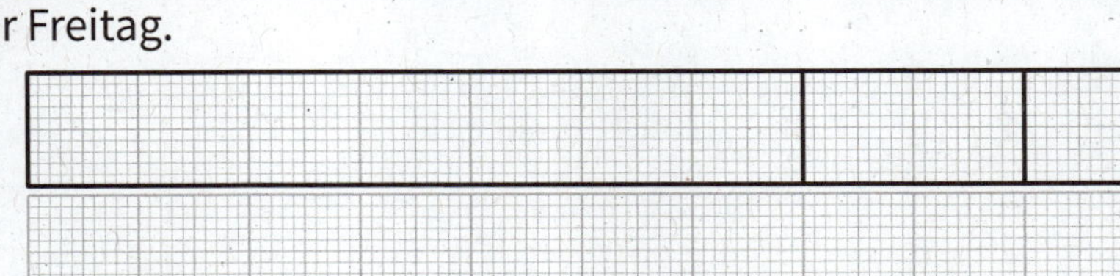

Arithmetisches Mittel

1 Sechs Mädchen haben ihre Körpergröße gemessen und dazu ein Säulendiagramm erstellt. Die waagerechte Linie markiert die Durchschnittsgröße der Mädchen (das arithmetische Mittel der Körpergrößen).

Ina	Sera	Lea	Steffi	Ayse	Clara
1,55 m	1,34 m	1,64 m	1,60 m	1,74 m	1,43 m

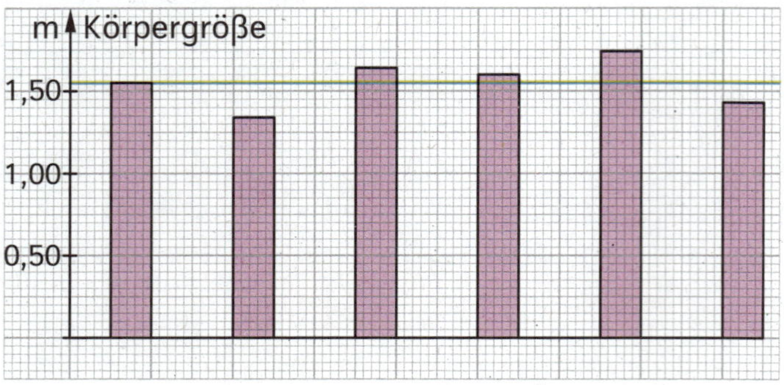

a) Schreibe die Namen der Mädchen unter die jeweilige Säule.
b) Berechne die Durchschnittsgröße der Mädchen.

A: ______________________________

c) Wurde die waagerechte Linie richtig eingezeichnet?

A: ______________________________

d) Wie groß ist der Unterschied zwischen dem größten und dem kleinsten Mädchen (Spannweite)?

A: ______________________________

2 In jedem Fahrstuhl weist ein Schild auf die Tragfähigkeit der Anlage hin. Diese darf nicht überschritten werden. Mit welchem Durchschnittsgewicht einer Person wurde jeweils gerechnet? Trage ein.

__________ __________ __________

Bei den Sportspielen hat jeder Werfer drei Versuche.
Ergänze die fehlenden Werte in der Tabelle.

	Lars	Cenk	Tom	Sun
1. Versuch	23 m	32 m	28 m	34 m
2. Versuch	25 m	30 m	20 m	32 m
3. Versuch	12 m	37 m	30 m	30 m
Durchschnitt				
Spannweite				

Arithmetisches Mittel, Median

1 In der Tabelle steht, wie viel Millimeter Niederschlag in den Monaten Mai bis September in Augsburg und in Bremen gemessen wurden.

	Mai	Juni	Juli	August	September	Arithmetisches Mittel
Augsburg	73 mm	84 mm	79 mm	36 mm	63 mm	
Bremen	6 mm	23 mm	28 mm	51 mm	37 mm	

a) Berechne jeweils das arithmetische Mittel. Trage ihn in die Tabelle ein.

b) Die Werte für Augsburg wurden in einer Rangliste der Größe nach geordnet. Der mittlere Wert ist der Median. Die Spannweite ist die Differenz zwischen dem größten und dem kleinsten Wert. Gib Median und Spannweite für Augsburg an.

Augsburg

Rangliste: 36 63 73 79 84

Spannweite: 84 – 36 = ______ Median: ______

c) Bestimme ebenso Median und Spannweite für die Niederschlagswerte in Bremen.

Bremen

Rangliste: ______ ______ ______ ______ ______

Spannweite: ______ – ______ = ______ Median: ______

2 Für eine gerade Anzahl von Werten ist der Median der Mittelwert der beiden Werte in der Mitte der Rangliste. Im Beispiel wurde eine Rangliste für Temperaturen erstellt. Berechne den Median.

Rangliste:
8° 11° 17° 23° 24° 29°
Median: (17 + 23) : 2 = ______

3 So viel Millimeter Niederschlag gab es in Konstanz in den ersten sechs Monaten eines Jahres.

Januar	Februar	März	April	Mai	Juni	Arithmetisches Mittel
38 mm	30 mm	45 mm	40 mm	134 mm	85 mm	

a) Bestimme das arithmetische Mittel und trage ihn in die Tabelle ein.

b) Ordne alle 6 Werte zu einer Rangliste. Dann bestimme den Median und die Spannweite.

______ ______ ______ ______ ______ ______

Median: ______ Spannweite: ______

Arithmetisches Mittel, Median

1 Am 1. Juli wurden an Orten in zwei Bundesländern die höchsten Temperaturen notiert.

Mecklenburg-Vorpommern

Arkona	Greifswald	Marnitz	Rostock	Schwerin	Arithmetisches Mittel
25,1 °C	26,5 °C	24,9 °C	24,6 °C	23,4 °C	

Baden-Württemberg

Freudenstadt	Karlsruhe	Konstanz	Lahr	Stuttgart	Arithmetisches Mittel
22,3 °C	26,9 °C	27,6 °C	27,8 °C	26,4 °C	

a) Berechne jeweils das arithmetische Mittel der Temperaturen. Trage es in die Tabelle ein.

b) Ordne jeweils die Werte der Größe nach zu einer Rangliste. Beginne mit dem kleinsten Wert. Bestimme für jedes Bundesland den Median und die Spannweite.

Mecklenburg-Vorpommern

Rangliste: ________ ________ ________ ________ ________

Spannweite: ____________________ = ________ Median: ________

Baden-Württemberg

Rangliste: ________ ________ ________ ________ ________

Spannweite: ____________________ = ________ Median: ________

2 An den ersten sechs Tagen im Juli wurden in München diese Höchsttemperaturen notiert:

1. Juli	2. Juli	3. Juli	4. Juli	5. Juli	6. Juli	Arithmetisches Mittel
27,3 °C	24,2 °C	19,9 °C	23,2 °C	26,5 °C	21,7 °C	

a) Bestimme das arithmetische Mittel der Temperaturen. Trage es in die Taballe ein.

b) Ordne die Werte zu einer Rangliste. Bestimme Median und Spannweite.

Rangliste: ________ ________ ________ ________ ________ ________

Spannweite: ____________________ = ________ Median: ________

Arbeiten mit dem Computer: Tabellenkalkulation

1 Das arithmetische Mittel und den Median kannst du schnell mit dem Computer berechnen. Auf dem Rechenblatt ist eingetragen, wie viele Stunden in einem Jahr am Bodensee die Sonne schien.

	A	B	C	D	E	F	G	H	I	J	K	L
1	**Sonnenscheinstunden am Bodensee**											
2	Jan	Feb	Mär	Apr	Mai	Jun	Jul	Aug	Sep	Okt	Nov	Dez
3	42	62	171	233	170	227	297	263	164	84	90	55
4												
5	Durchschnitt						Median					

a) Übertrage das Rechenblatt auf deinen Computer.

b) Für die Zahlen in den Zellen A3 bis L3 soll der Durchschnitt (arithmetisches Mittel) berechnet werden. Das Ergebnis soll in Zelle C5 stehen. Gib dazu den Befehl =Mittelwert(A3:L3) in die Zelle C5 ein. Bestätige mit ↵.

c) Für die Zahlen in den Zellen A3 bis L3 soll der Median berechnet werden. Das Ergebnis soll in Zelle H5 stehen. Gib dazu den Befehl =Median(A3:L3) in die Zelle H5 ein. Bestätige mit ↵.

d) Übertrage Durchschnitt und Median vom Rechenblatt des Computers in die Tabelle oben.

2

	A	B	C	D	E	F	G	H	I	J	K	L
1	**Sonnenscheinstunden auf Rügen**											
2	Jan	Feb	Mär	Apr	Mai	Jun	Jul	Aug	Sep	Okt	Nov	Dez
3	34	93	150	237	235	234	238	230	153	127	26	33
4												
5	Durchschnitt						Median					

a) Übertrage das Rechenblatt auf deinen Computer.
b) Berechne mit dem Computer Durchschnitt und Median. Übertrage sie in diese Tabelle.

3 Diagramme kannst du mit dem Computer erstellen oder auf Karopapier in dein Heft zeichnen.
a) Erstelle ein Säulendiagramm zu den Sonnenscheinstunden am Bodensee.
b) Erstelle ein Säulendiagramm zu den Sonnenscheinstunden auf Rügen.

4 Welches Diagramm stellt die Sonnenscheinstunden für den Bodensee dar, welches die Sonnenscheinstunden für Rügen? Schreibe passende Überschriften.

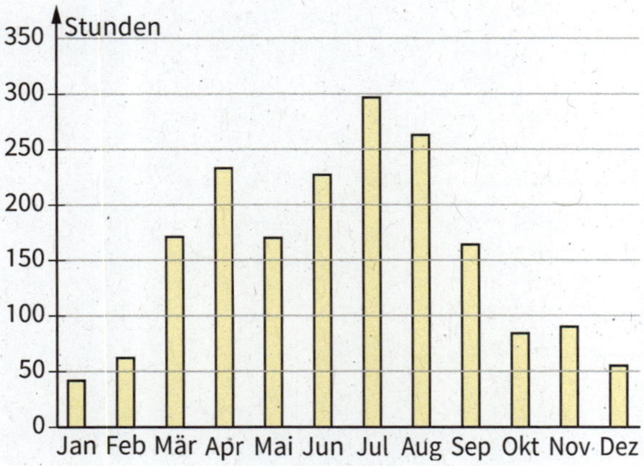

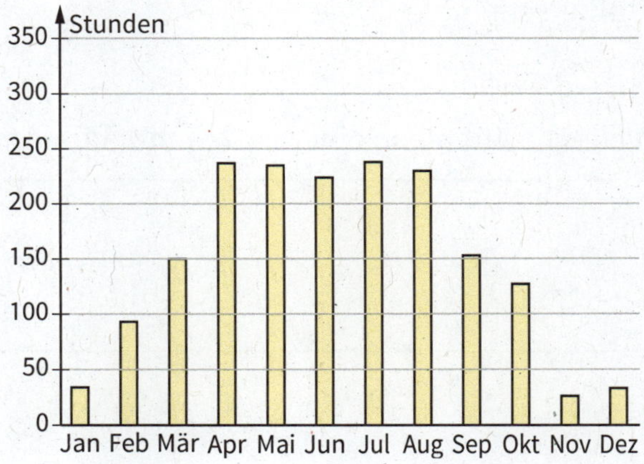

Statistische Darstellungen beurteilen

1 Der Jugendtreff 4U hatte in diesem Jahr doppelt so viele Besucher wie im Jahr davor. Zu den Besucherzahlen wurden Säulendiagramme erstellt.

a) Nur in zwei Darstellungen ist der Flächeninhalt der gelben Säule doppelt so groß wie der Flächeninhalt der blauen Säule. Kreuze an.

○ 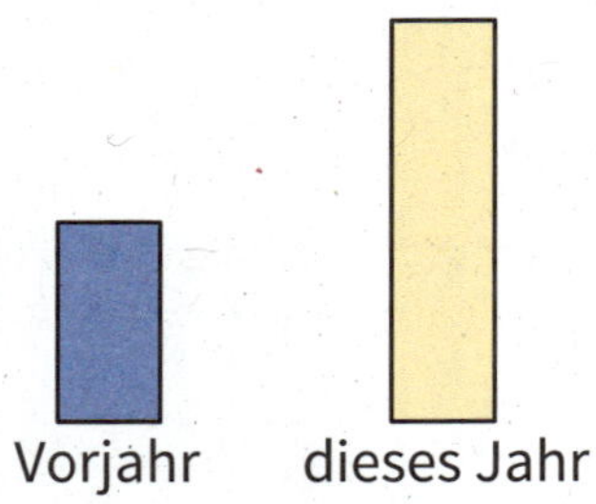

○ 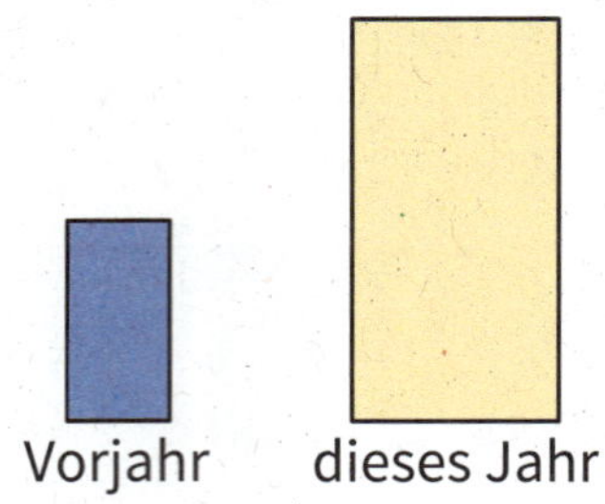

○ 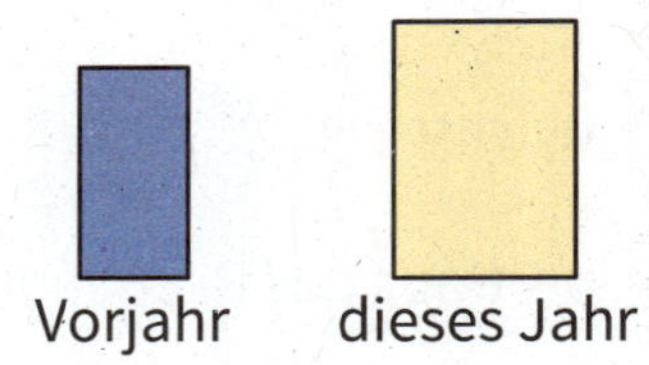

b) Eine der Darstellungen legt nahe, dass sich die Besucherzahlen mehr als verdoppelt haben. Wievielmal so groß wie im Vorjahr werden die Zahlen für dieses Jahr dargestellt? Kreuze an.

○ dreimal so groß ○ viermal so groß ○ fünfmal so groß

2 In der Tabelle steht, wie viele Jugendliche aus verschiedenen Altersgruppen am Wochenende im Jugendtreff 4U waren.

12 – 14 Jahre	14 – 16 Jahre	16 – 18 Jahre	älter als 18 Jahre	insgesamt
15	15	20	10	
$\frac{1}{4}$				

a) Wie viele Jugendliche waren es insgesamt? Vervollständige die Tabelle.
b) Ergänze in der Tabelle die Anteile der Altersgruppen an der Gesamtzahl.
c) In welchem der drei Diagramme erkennst du die Anteile am besten? Kreuze an.

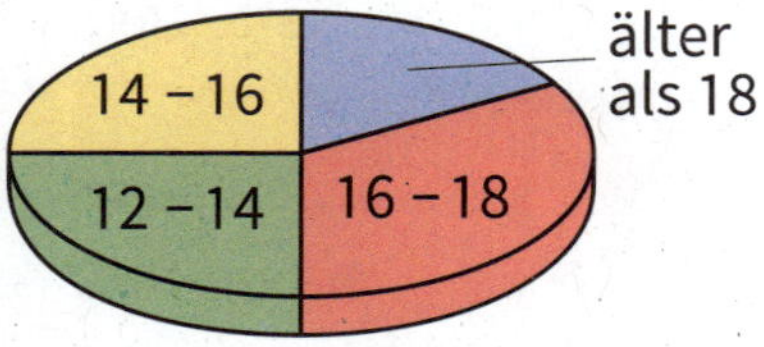

○

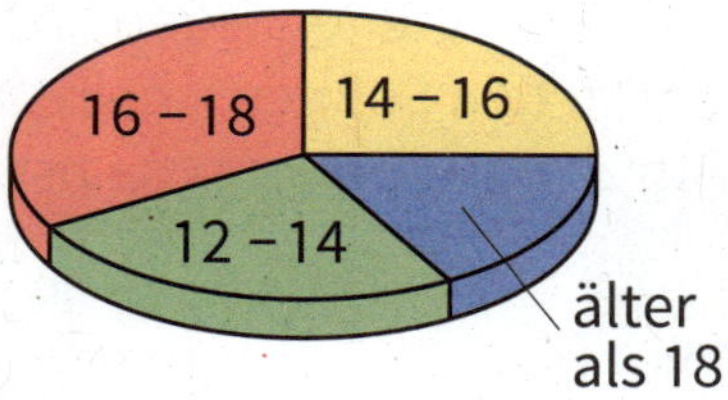

○

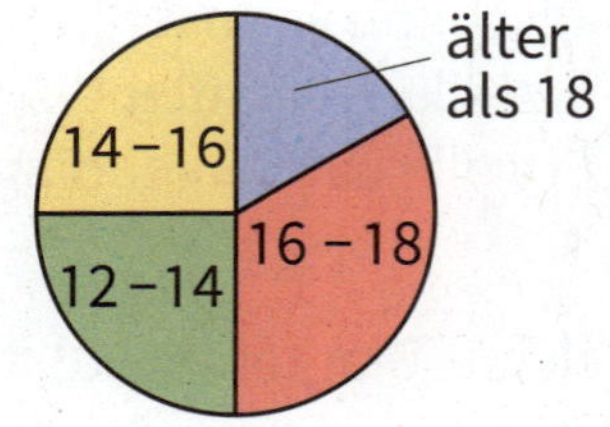

○

d) Woran liegt es, dass in einem der Diagramme der grüne und der gelbe Anteil verschieden groß erscheinen?

A: ______________________________

e) Stelle die Anteile in einem Streifendiagramm dar.

Statistische Darstellungen beurteilen

1

Zahl der Fahrraddiebstähle kaum gestiegen
Wie unser Diagramm zeigt, hat sich in den letzten 5 Jahren die Zahl der Fahrraddiebstähle in unserer Stadt kaum erhöht.

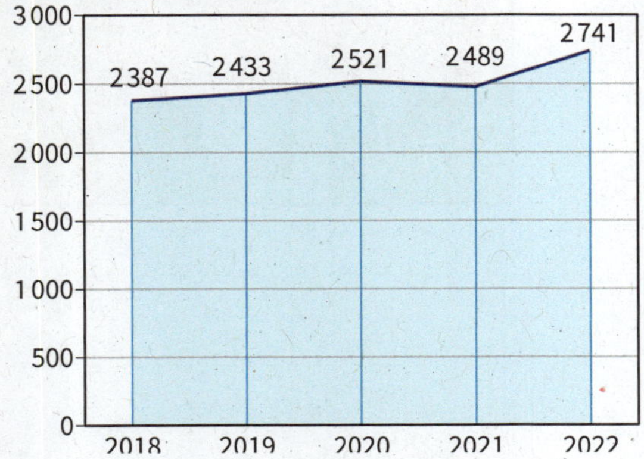

Zahl der Fahrraddiebstähle steigt stark an
Die Zahl der Fahrraddiebstähle in unserer Stadt hat in den letzten 5 Jahren dramatisch zugenommen. Dies ist unserem Diagramm zu entnehmen.

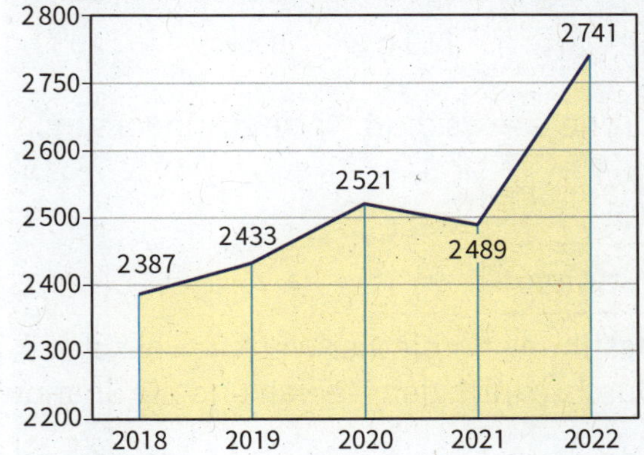

Lies die Zeitungsmeldungen. Woran liegt es, dass in beiden Diagrammen die Zunahme der Fahrraddiebstähle unterschiedlich groß erscheint?

A: ______________________________

2 Das Diagramm soll darstellen, wie viele Leserbriefe die Jugendzeitschrift *Eure Welt* abgedruckt hat. Erstelle ein Diagramm, das die Zunahme der Zahl abgedruckter Leserbriefe richtig darstellt. Schreibe dazu eine Überschrift für eine Zeitungsmeldung.

Zahl abgedruckter Leserbriefe stark erhöht

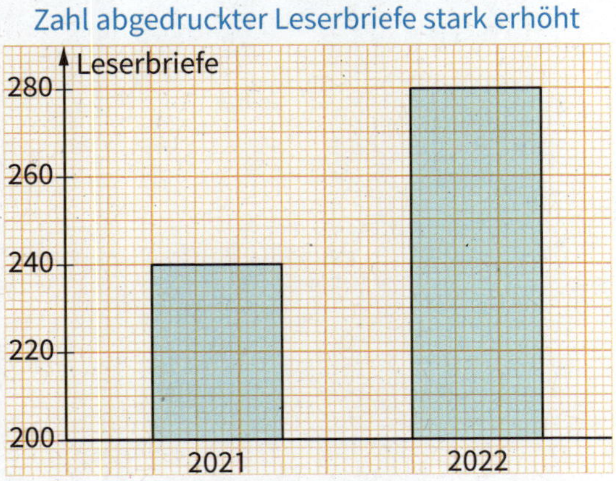

____

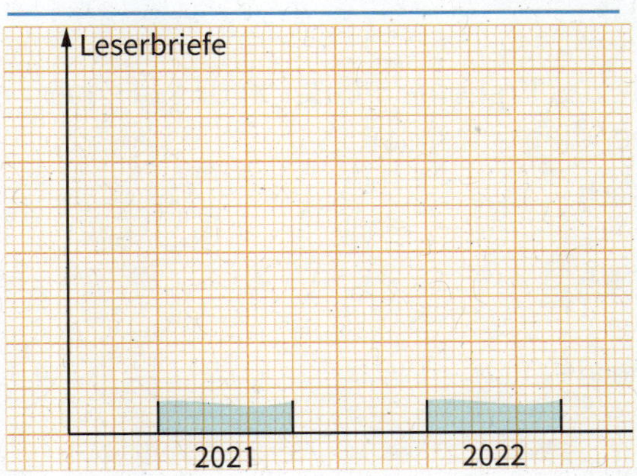

3 Im Jahr 2021 gab es in der Ortsdurchfahrt von Launau 176 Geschwindigkeitsverstöße.
Im Jahr 2022 waren es nur noch 118 Verstöße.
Welches Diagramm stellt den Rückgang realistisch dar? Kreuze an.

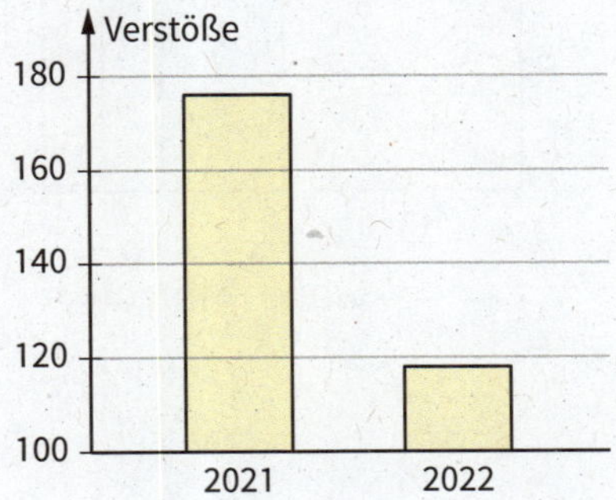

○

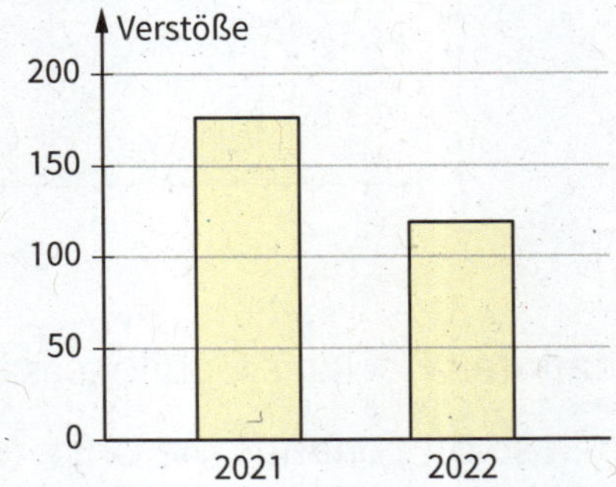

○

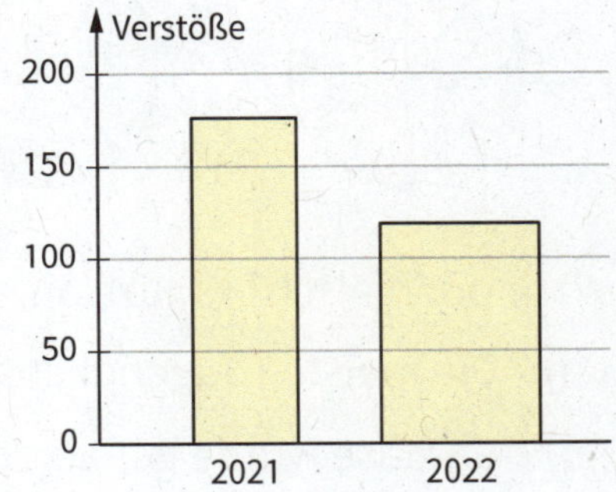

○

Vermischte Übungen

1 So viele Stunden schien von März bis Juni in Hamburg und in Stuttgart die Sonne.

	März	April	Mai	Juni
Hamburg	95 h	140 h	256 h	205 h
Stuttgart	115 h	136 h	193 h	168 h

a) Ordne jeweils die 4 Werte zu einer Rangliste.

Hamburg ______ ______ ______ ______

Stuttgart ______ ______ ______ ______

b) Bestimme für die vier Werte jeweils den Durchschnitt, den Median und die Spannweite.

Hamburg

Durchschnitt: ______

Median: ______

Spannweite: ______

Stuttgart

Durchschnitt: ______

Median: ______

Spannweite: ______

2 Bei einer Umfrage wurden Jugendliche nach ihrem Lieblingsessen gefragt. Jeder konnte nur eine Antwort geben. Das Ergebnis der Umfrage findest du in der Tabelle.

Fleisch	85
Fisch	40
Gemüse	50
Obst	25

a) Wie viele Jugendliche wurden insgesamt befragt?

A: ______________________________

b) Stelle das Ergebnis der Befragung in einem Balkendiagramm dar.

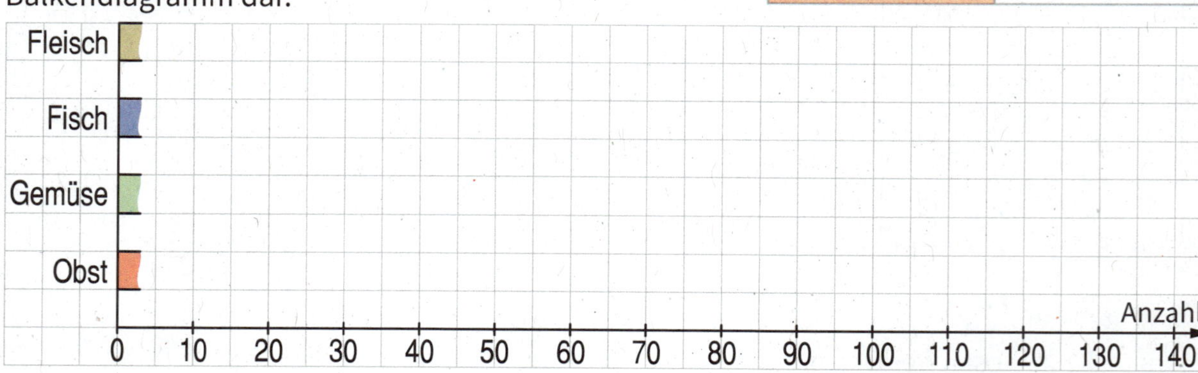

c) Welche Diagramme stellen das Ergebnis der Umfrage richtig dar? Kreuze an.

○ 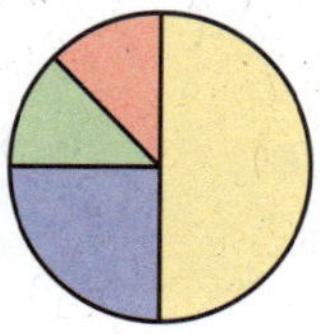 ○ 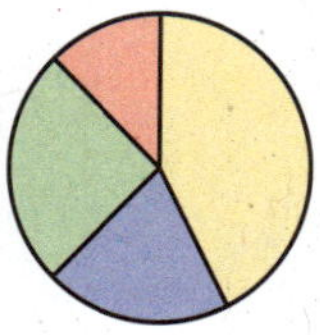 ○ 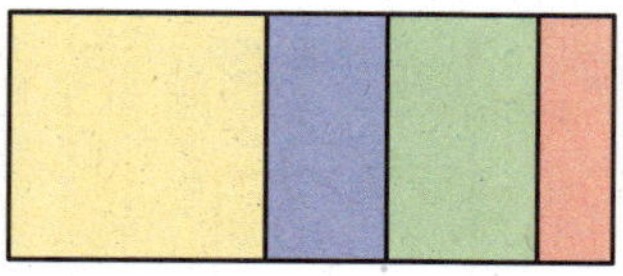 ○ 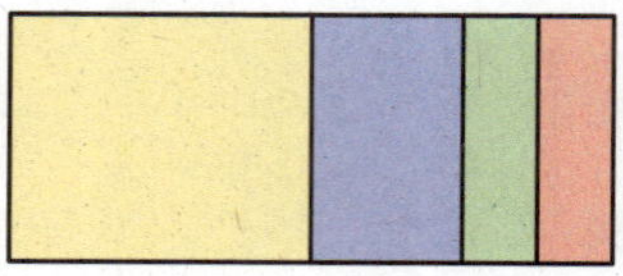

d) Wahr oder falsch? Kreuze an.

		wahr	falsch
a)	Die meisten Jugendlichen nannten Fisch als Lieblingsessen.		
b)	Gemüse wurde genau doppelt so oft genannt wie Obst.		
c)	Mehr als die Hälfte der Befragten nannten Fleisch oder Fisch.		

Kreis und Kreisteile

Grundvorstellungen zum Umfang

1 Zeynep und Lukas messen immer den Umfang und den Durchmesser. Wie lang ist ungefähr der Umfang u eines Kreises mit dem Durchmesser d = 8 cm?

A: ______________________________

2 Wie groß ist ungefähr der Umfang der Räder?

a) d = 90 cm

u ≈ ______
u ≈ ______
u ≈ ______

b) d = 70 cm

u ≈ ______
u ≈ ______
u ≈ ______

c) d = 50 cm

u ≈ ______
u ≈ ______
u ≈ ______

d) d = 120 cm

u ≈ ______
u ≈ ______
u ≈ ______

3 Der Radius ist angegeben. Berechne den Durchmesser. Trage ihn ein. Durch Überschlagen findest du heraus, welches Ergebnis für den Umfang des Kreises stimmt. Kreuze an.

a) r = 15 cm

d = ______

☐ u = 94 cm
☐ u = 75 cm
☐ u = 124 cm

b) r = 2 cm

d = ______

☐ u = 17,4 cm
☐ u = 15,3 cm
☐ u = 12,6 cm

Umfang eines Kreises

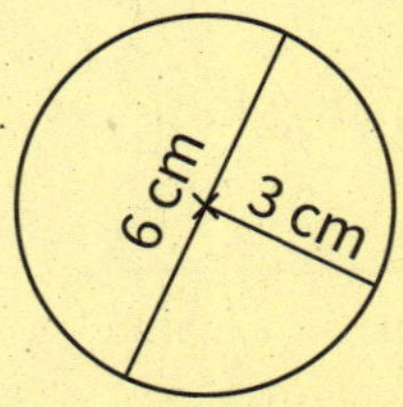

Für den Umfang eines Kreises gilt:

$u = \pi \cdot d$	$u = 2 \cdot \pi \cdot r$	Wir rechnen mit $\pi = 3{,}14$.
$u = 3{,}14 \cdot 6$ cm $u = 18{,}84$ cm	$u = 2 \cdot 3{,}14 \cdot 3$ cm $u = 18{,}84$ cm	

1 Vervollständige die beiden Rechnungen zur Bestimmung des Umfangs.

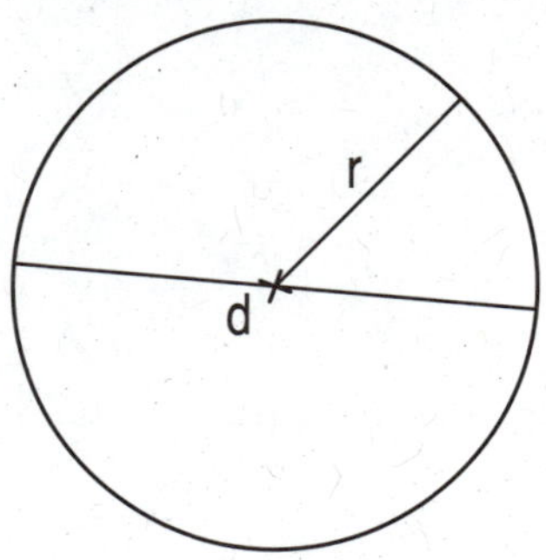

$d = 4$ cm

$u = \pi \cdot d$	$u = 2 \cdot \pi \cdot r$
$u = 3{,}14 \cdot 4$ cm	$u = 2 \cdot 3{,}14 \cdot$ ______ cm
$u =$ ______ cm	$u =$ ______ cm

2 Durchmesser d oder Radius r des Kreises sind gegeben. Berechne den Umfang u.

a) 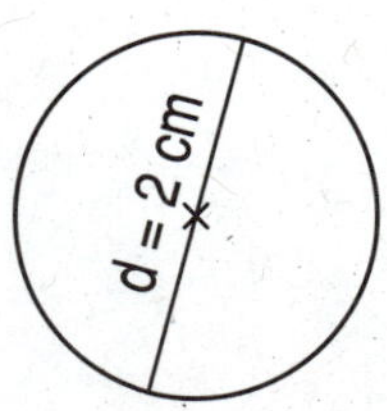

b) 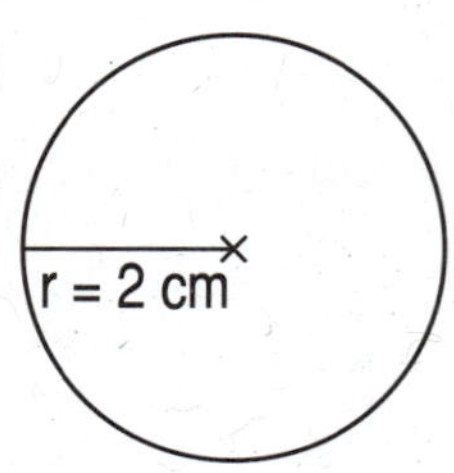

c) 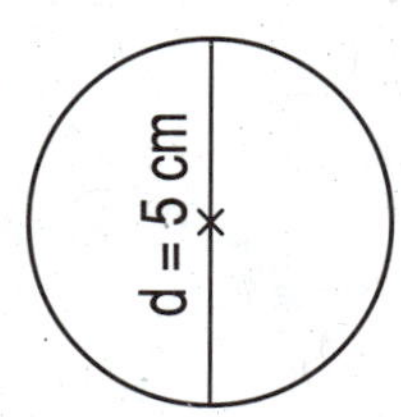

d) 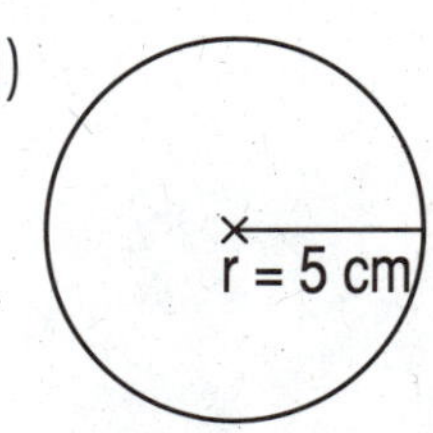

a)	b)	c)	d)
$u = \pi \cdot d$	$u = 2 \cdot \pi \cdot r$	$u =$ ______	$u =$ ______
$u =$ ______	$u =$ ______	$u =$ ______	$u =$ ______
$u =$ ______	$u =$ ______	$u =$ ______	$u =$ ______

3 Berechne die fehlenden Werte für den Kreis.

	a)	b)	c)	d)	e)	f)
Radius (r)	4 cm	5 cm	20 cm	40 cm		
Durchmesser (d)					14 cm	22 cm
Umfang (u)						

Umfang eines Kreises

1 Zeichne einen Durchmesser ein. Miss seine Länge. Berechne den Umfang des Kreises.

a)

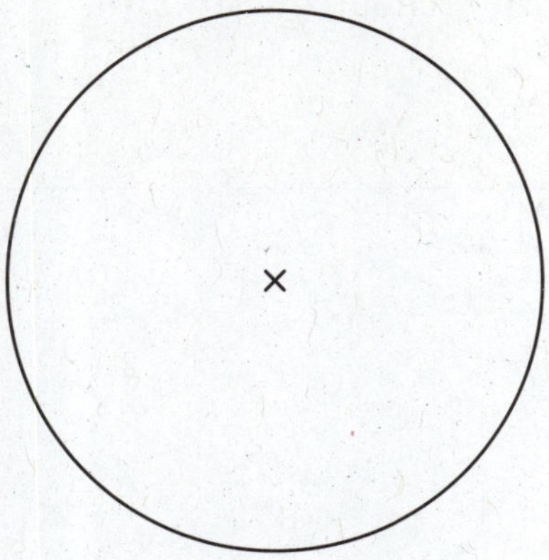

d = ________ cm

u = π · d

u = ________

u = ________

b)

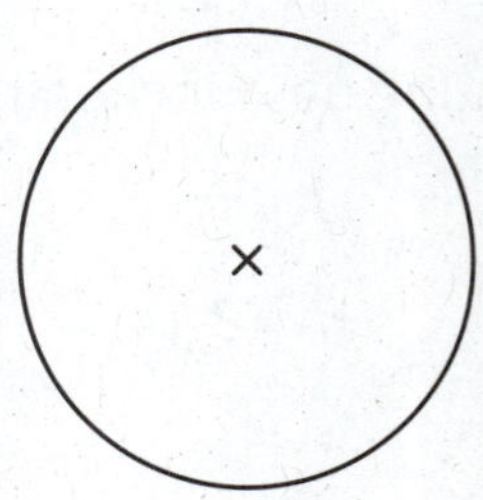

d = ________ cm

u = ________

u = ________

u = ________

c)

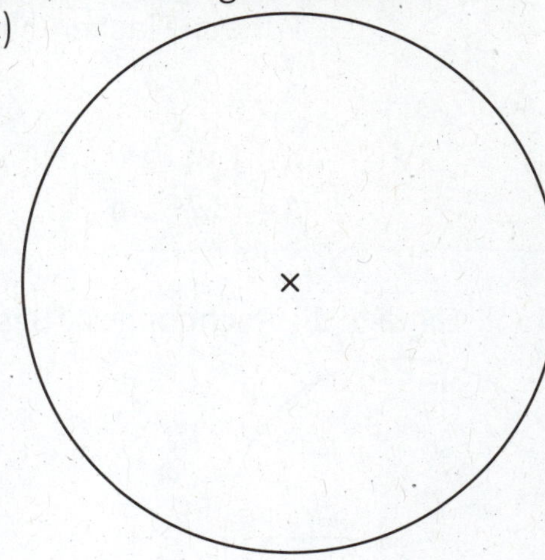

d = ________ cm

u = ________

u = ________

u = ________

2 Das große Riesenrad von London hat einen Durchmesser von 122 m. Wie lang ist der Fahrweg, den ein Fahrgast bei einer Umdrehung zurücklegt?

A: ________

3 Die größte Turmuhr der Welt befindet sich auf dem Royal Clock Tower Hotel in Mekka.

a) Welchen Weg legt die Spitze des großen Zeigers in einer Stunde zurück?

A: ________

b) Welchen Weg legt die Spitze des kleinen Zeigers an einem Tag zurück?

A: ________

Flächeninhalt eines Kreises

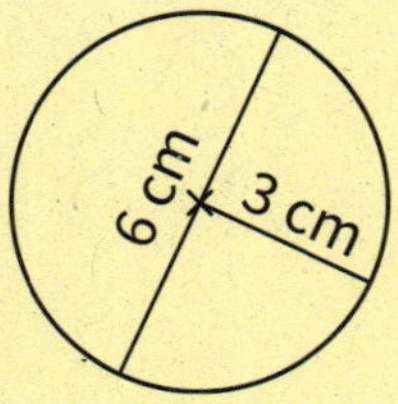

Für den Flächeninhalt eines Kreises gilt:

$A = \pi \cdot r^2$

$3^2 = 3 \cdot 3$

$A = 3{,}14 \cdot 3^2$

$A = 28{,}26\ cm^2$

Wir rechnen mit $\pi = 3{,}14$.

1 Vervollständige die Rechnung zur Bestimmung des Flächeninhalts.

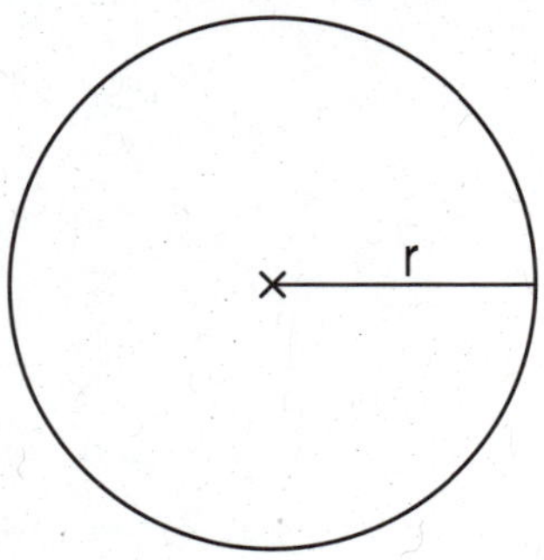

$r = 2\ cm$

$A = \pi \cdot r^2$

$A = 3{,}14 \cdot$ ______

$A =$ ______________ cm^2

2 Zeichne einen Radius ein. Miss seine Länge. Berechne den Flächeninhalt des Kreises.

a)

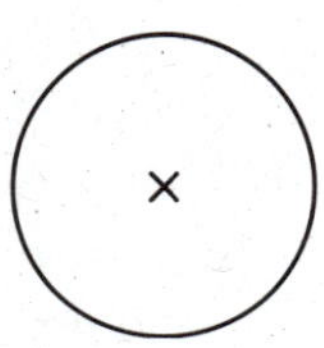

b)

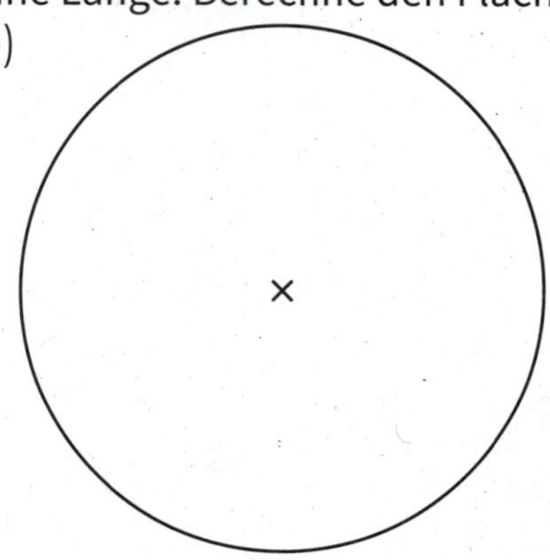

c)

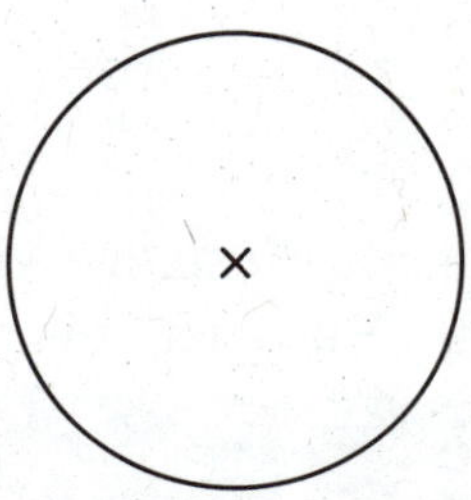

a)
r = ______________
$A = \pi \cdot r^2$
A = ______________
A = ______________

b)
r = ______________
A = ______________
A = ______________
A = ______________

c)
r = ______________
A = ______________
A = ______________
A = ______________

3 Berechne die fehlenden Werte für den Kreis.

	a)	b)	c)	d)	e)	f)
Radius (r)				23 cm	34 cm	
Durchmesser (d)	12 cm	30 cm	50 cm			34 cm
Flächeninhalt (A)						

Flächeninhalt eines Kreises

1 Der Radius r des Kreises ist gegeben. Berechne den Flächeninhalt A.

a) 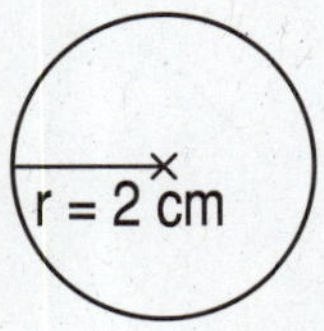

$A = \pi \cdot r^2$

$A = 3{,}14 \cdot 2 \cdot 2$

A = ______

b) 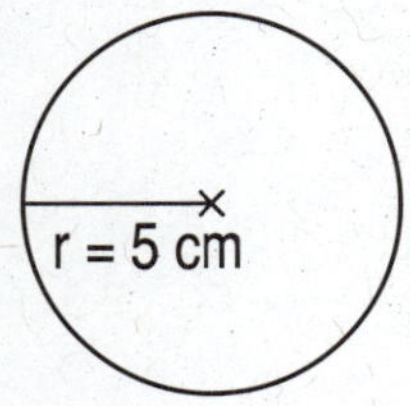

A = ______

A = ______

A = ______

c) 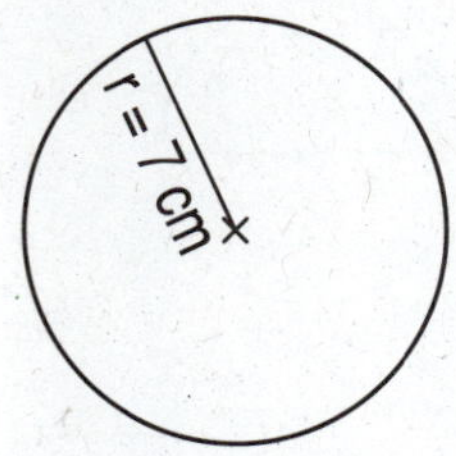

A = ______

A = ______

A = ______

d) 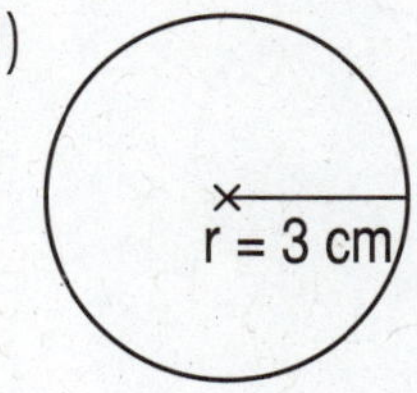

A = ______

A = ______

A = ______

2 Der rotierende Arm einer Bewässerungsanlage ist 9 m lang. Berechne die bewässerte Fläche.

A: ______

3 Eine Ziege ist an einem Pfahl auf der Wiese angeleint. Die Leine ist 4 m lang.

a) Wie groß ist die Fläche, auf der die Ziege grasen kann?

A: ______

b) Die Länge der Leine wird verdoppelt. Wie groß ist jetzt die Fläche, auf der die Ziege grasen kann?

A: ______

Kreisausschnitt und Kreisring

1 Der Radius des Kreises beträgt 4 cm. Berechne den Flächeninhalt der gefärbten Fläche.

a) 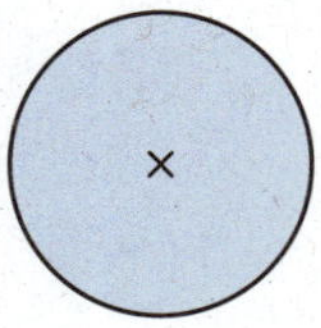

A =

b) 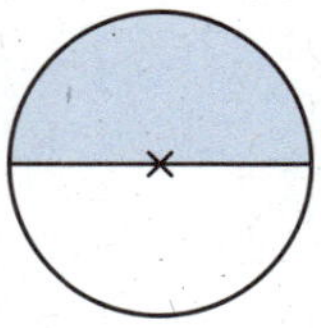

A =

c) 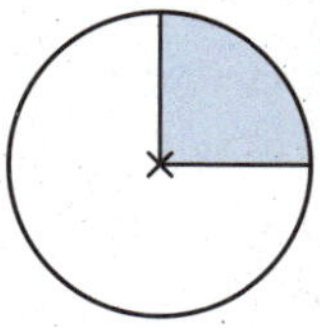

A =

d) 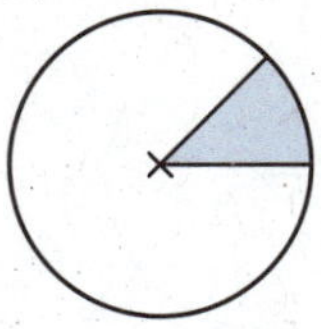

A =

2 Beim Bringdienst gibt es zwei Pizza-Angebote zum gleichen Preis. Bei welchem Angebot bekommt man mehr Pizza?

Halbe Maxi-Pizza
Durchmesser 44 cm

Kleine Pizza
Durchmesser 22 cm

A:

3 Auf einer Verkehrsinsel werden ein kreisrundes Blumenbeet und eine ringförmige Rasenfläche angelegt. Berechne die angegebenen Größen.

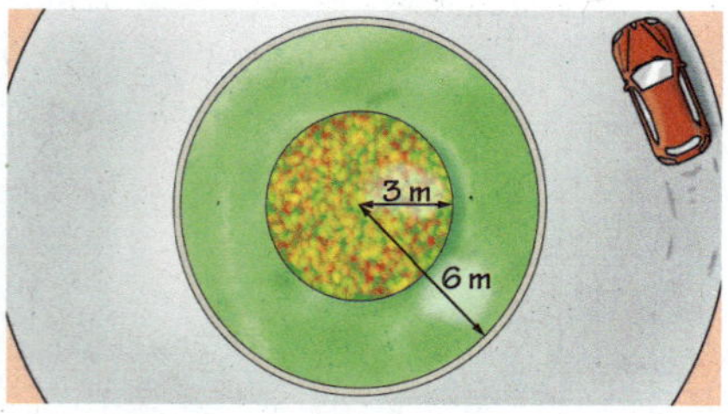

Größe der Verkehrsinsel:

Größe des Blumenbeetes:

Größe der Rasenfläche:

4 Berechne den Flächeninhalt der gefärbten Fläche.

a) 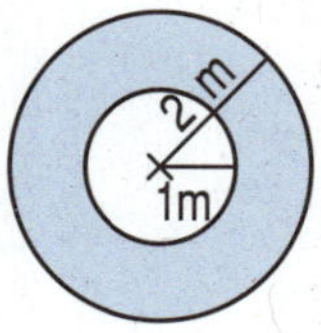

A =

b) 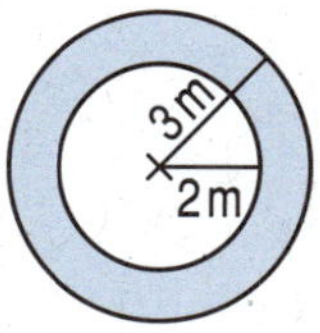

A =

Üben

1 Umfang und Flächeninhalt der gefärbten Figur sollen berechnet werden. Miss benötigte Längen, dann rechne.

a)

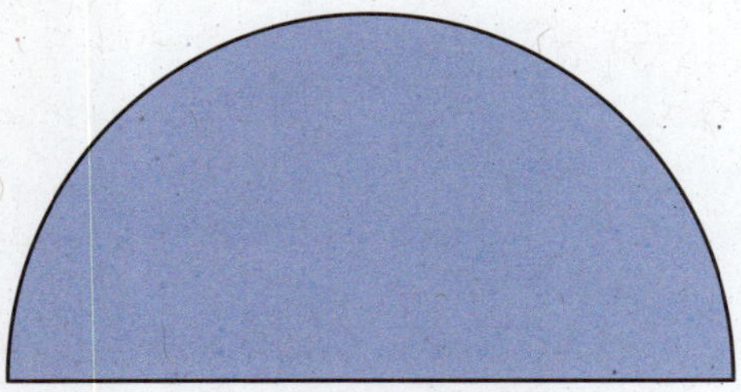

u = ______________ cm

A = ______________ cm²

b)

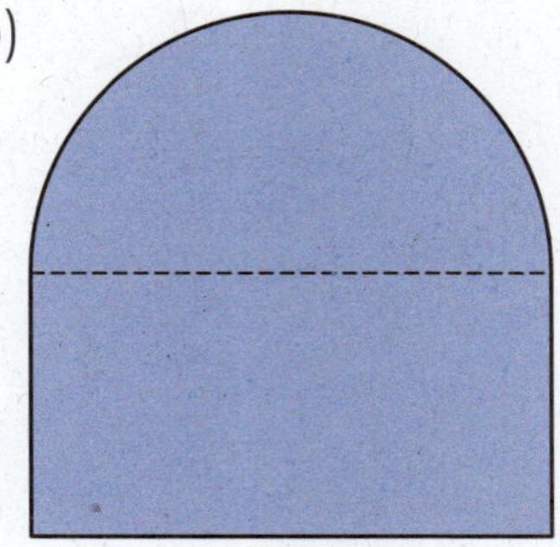

u = ______________ cm

A = ______________ cm²

c)

u = ______________ cm

A = ______________ cm²

2 Berechne den Umfang und den Flächeninhalt der Sportanlage.

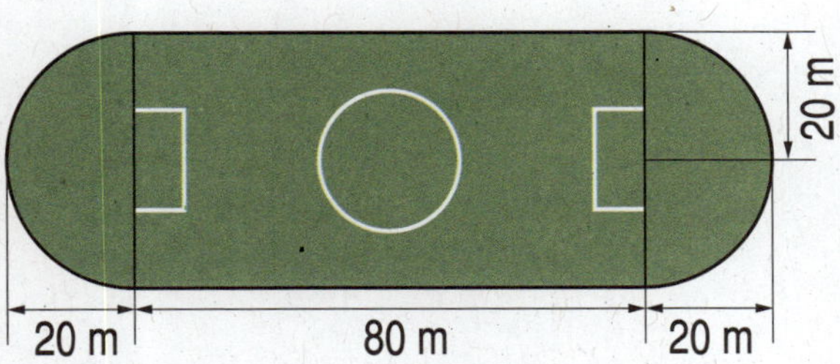

u = __________ m   A = __________ m²

3 Drei Freunde überlegen, ob sie drei kleine Pizzas kaufen oder eine große Pizza teilen sollen. Sie möchten möglichst viel Pizza für ihr Geld bekommen. Wie sollten sie sich entscheiden?

r = 10 cm
Preis: 5 €

r = 20 cm
Preis: 12 €

Fläche von drei kleinen Pizzas: A = __________

Fläche einer großen Pizza: A = __________

A: ____

Vermischte Übungen

1 Zeichne einen Radius (r) und einen Durchmesser (d) ein. Miss die Länge von r und d.

a) r = ___ cm , d = ___ cm b) r = ___ cm, d = ___ cm c) r = ___ cm, d = ___ cm

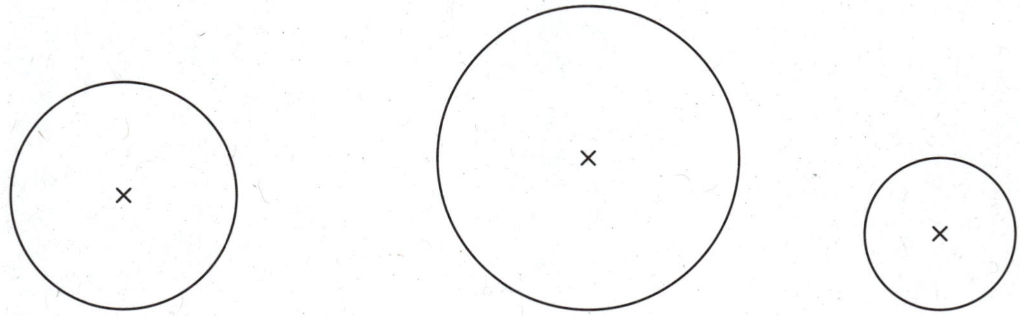

2 Bestimme den Radius r. Berechne Umfang und Flächeninhalt des Kreises.

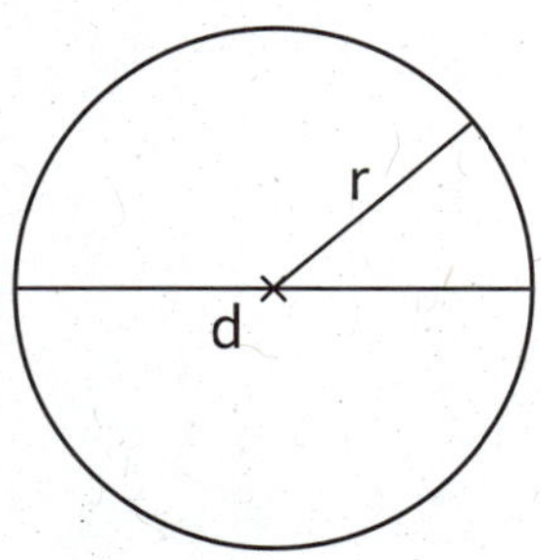

d = 12 cm

r = ___ cm

u = ___________ A = ___________

u = ___________ A = ___________

u = ___________ A = ___________

3 Berechne den Flächeninhalt der gefärbten Figur.

a)

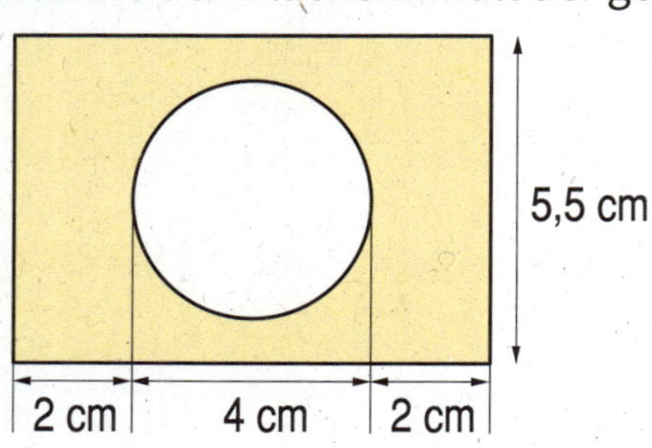

A = ___________ cm^2

4 Auf dem Platz können Rettungs-Hubschrauber landen und wieder starten.
a) Wie groß ist die Fläche des Platzes?
b) Wie groß ist der Umfang des Platzes?
c) Der Hubschrauber-Landeplatz wird neu asphaltiert. Die Kosten betragen 76 € pro m^2.
Wie hoch sind die Gesamtkosten?

A = ___________ u = ___________

A: ____

8 Prismen und Zylinder

Geometrische Körper erkennen

1 Welche Körper sind abgebildet? Notiere.

Kugel | Prisma | Zylinder | Pyramide | Kegel

a) 

____

b) 

____

c) 

____

d) 

____

e) 

____

f) 

____

2 Welcher Körper passt zur Beschreibung? Schreibe auf.

a) Der Körper hat keine Ecken und Kanten.

____

b) Der Körper hat 2 dreieckige und 3 viereckige Flächen.

____

c) Der Körper hat 2 Kanten und 3 Flächen.

____

3 Wie viele Flächen hat der Körper? Trage ein.

a) 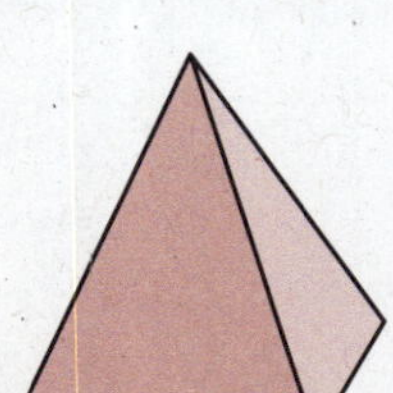

___ Flächen

b) 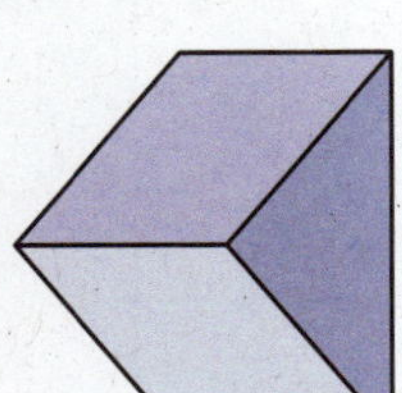

___ Flächen

c) 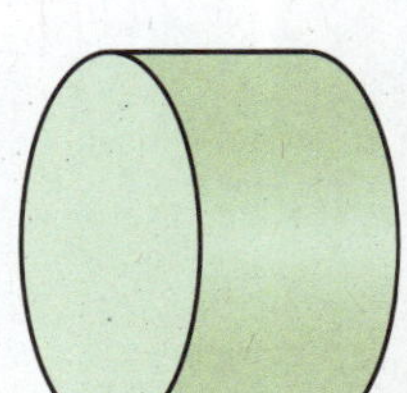

___ Flächen

d) 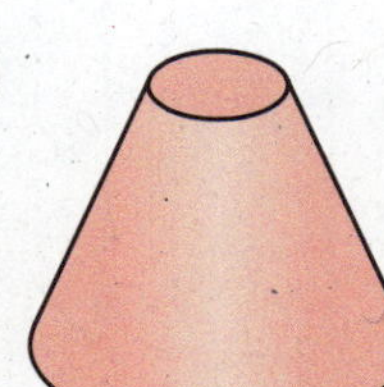

___ Flächen

e) 

___ Flächen

Körper beschreiben

1 Trage für jeden Körper den Namen und die Anzahl seiner Flächen, Ecken und Kanten ein.

	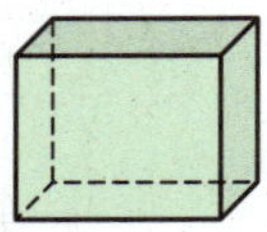	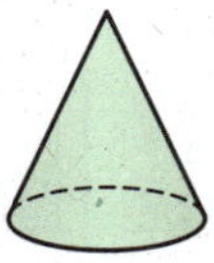	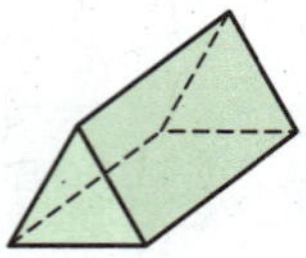	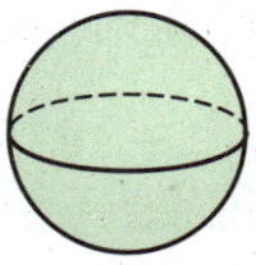	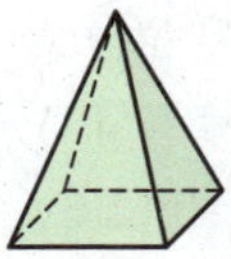	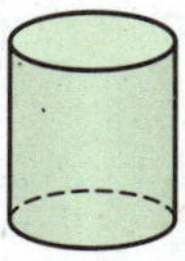
Name						
Flächen						
Ecken						
Kanten						

2 Welche Körper sind Prismen? Kreuze an.

a) 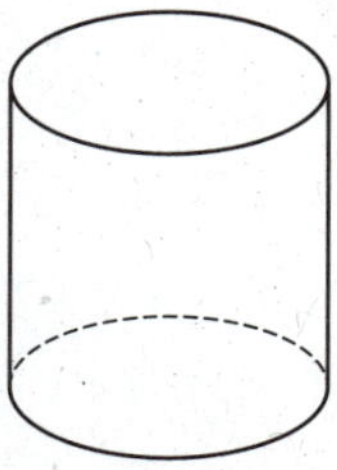 ◯

b) 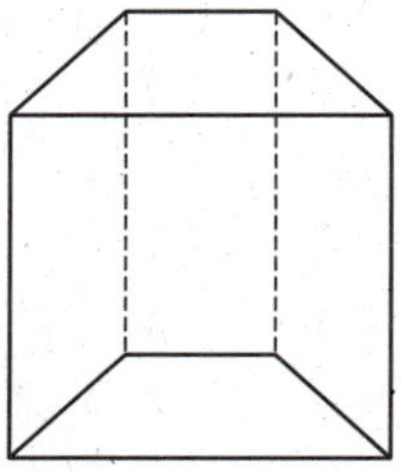 ◯

c) 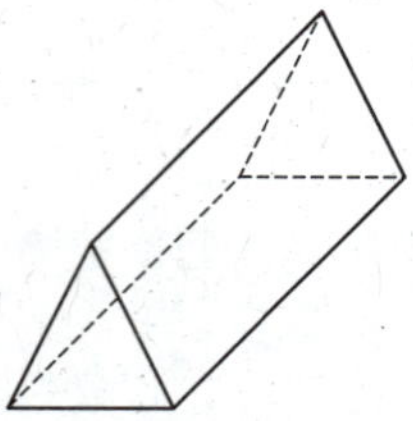 ◯

d) 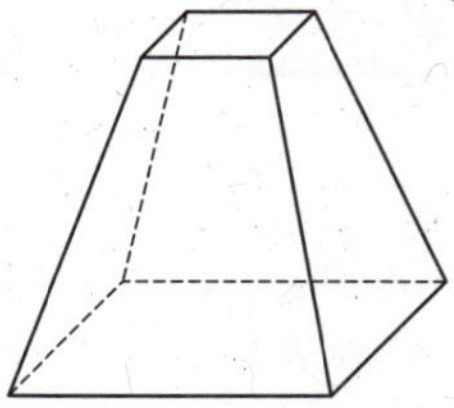 ◯

e) 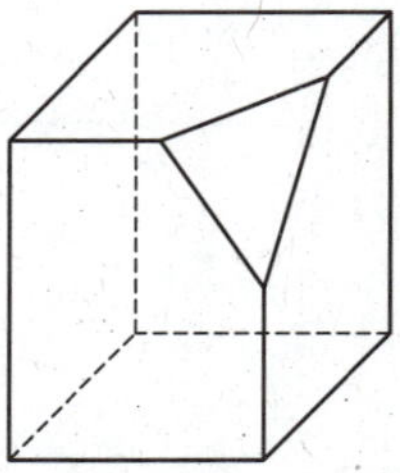 ◯

3 Kreuze die richtigen Aussagen an.

◯ Bei jedem Prisma sind die gegenüberliegenden Flächen gleich groß.
◯ Jedes Prisma hat eine dreieckige Grundfläche.
◯ Die Grundflächen eines Prismas sind deckungsgleich.
◯ Der Quader ist ein Prisma.
◯ Ein Prisma hat mindestens 6 Flächen.
◯ Die Pyramide ist ein Zylinder.
◯ Die Pyramide ist ein Prisma.
◯ Die Grundfläche eines Prismas kann quadratisch sein.

4 Wie viele Flächen und wie viele Kanten hat der Körper? Trage ein.

a) 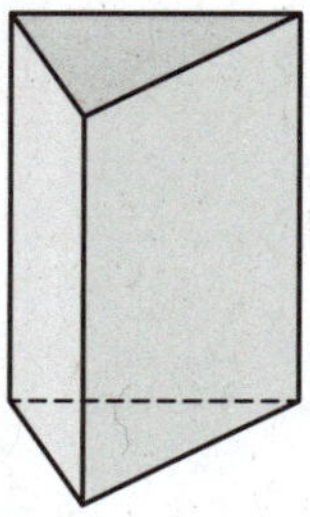
_____ Flächen
_____ Kanten

b) 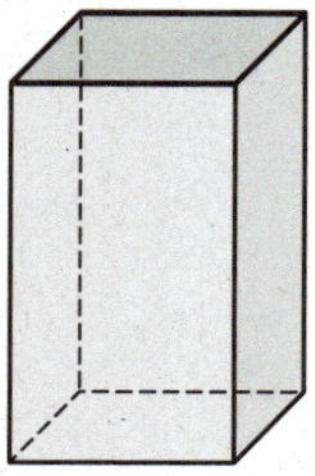
_____ Flächen
_____ Kanten

c) 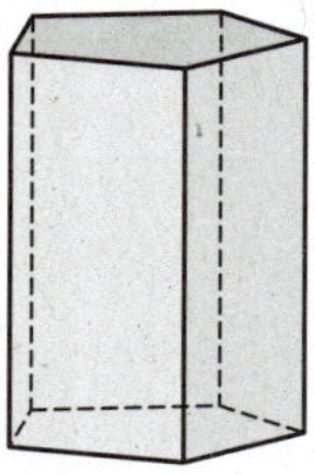
_____ Flächen
_____ Kanten

d) 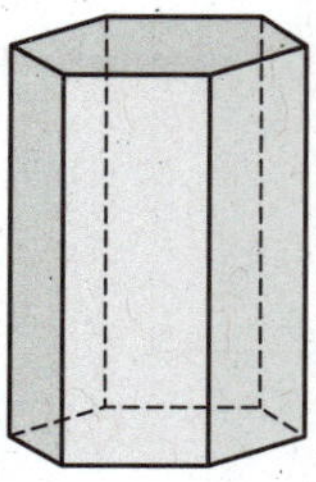
_____ Flächen
_____ Kanten

e) 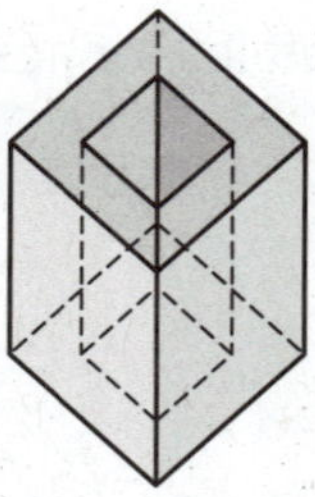
_____ Flächen
_____ Kanten

Schrägbilder und Netze von Prismen

1 Vervollständige das Schrägbild des Prismas.

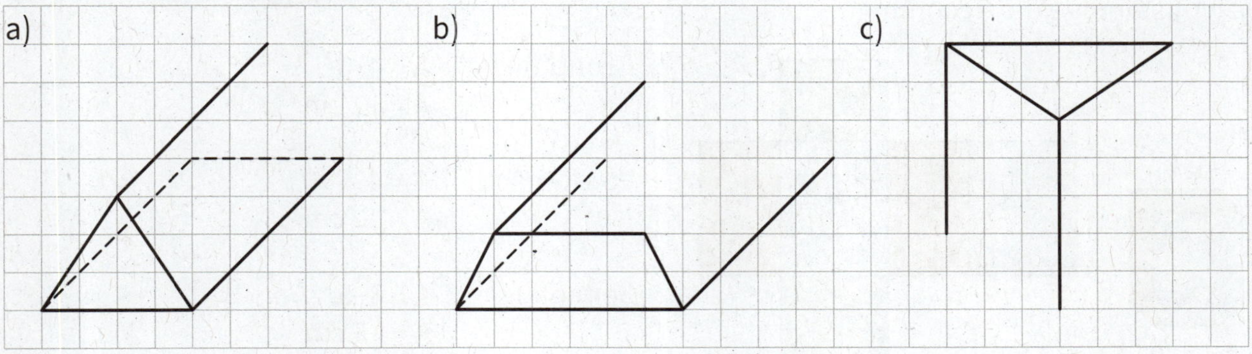

2 Vervollständige das Netz des Prismas.

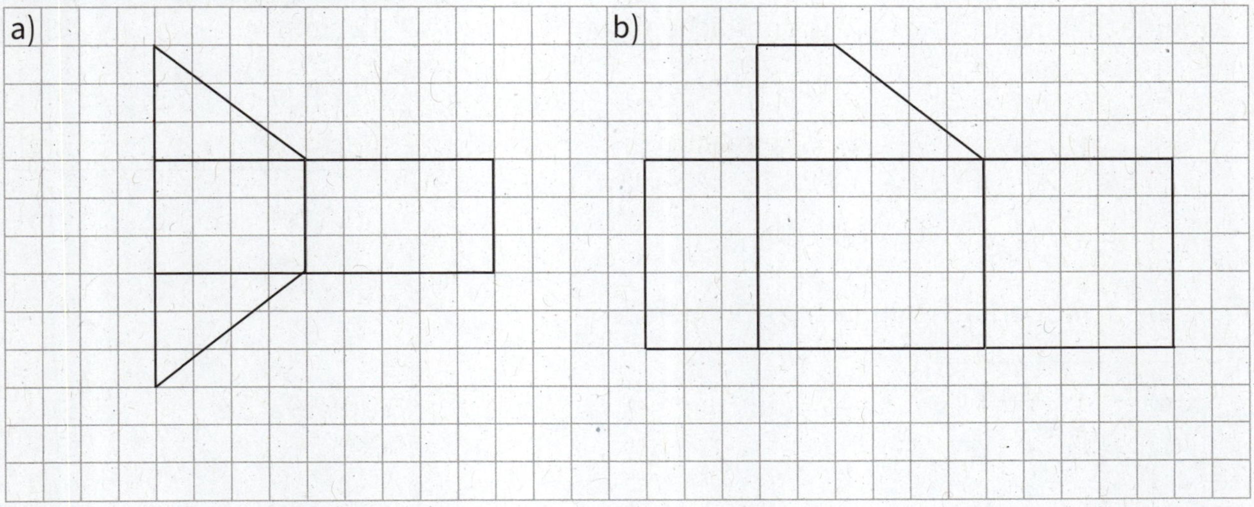

3 a) Ordne dem Schrägbild das passende Netz zu.

Schrägbild	①	②	③	④
Netz				

b) Färbe in jedem Netz Grundfläche und Deckfläche blau und die Mantelfläche gelb.

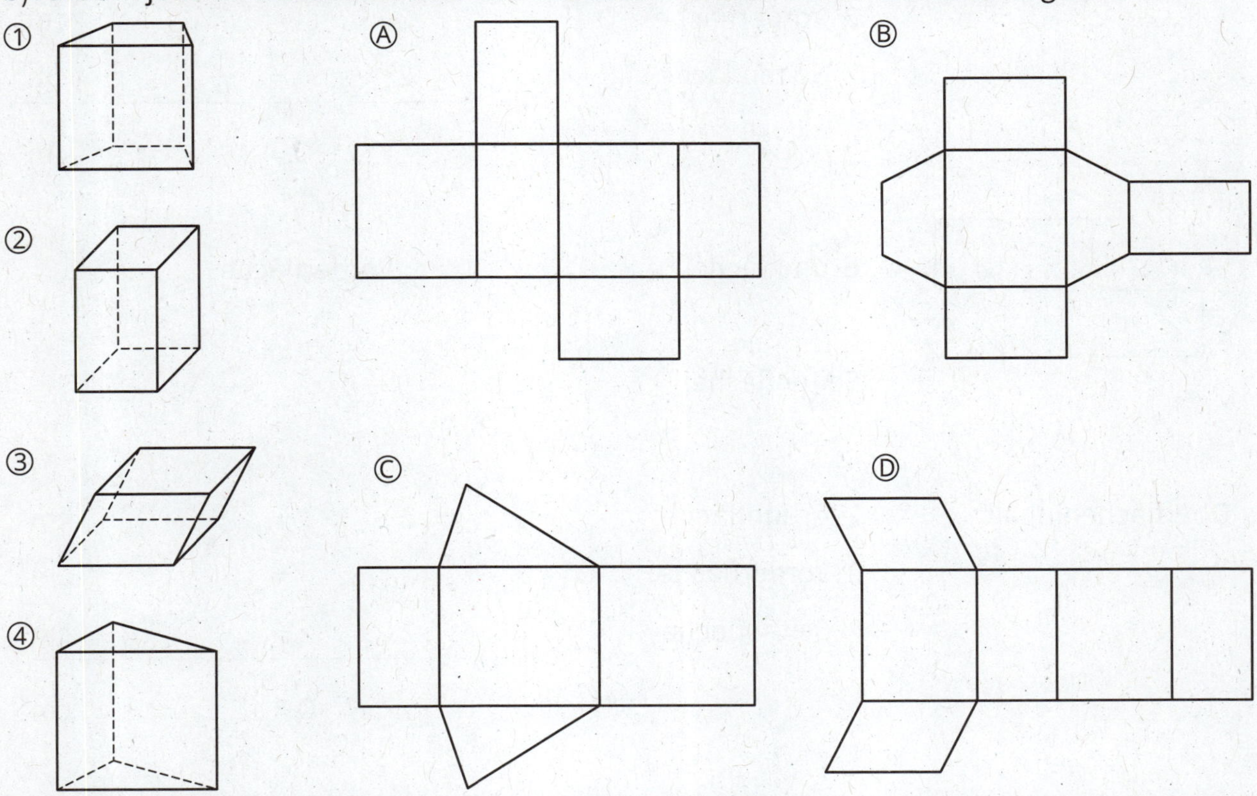

Oberflächeninhalt eines Quaders

1 Der Oberflächeninhalt eines Körpers ist die Summe seiner Einzelflächen.
Vervollständige die Rechnung.

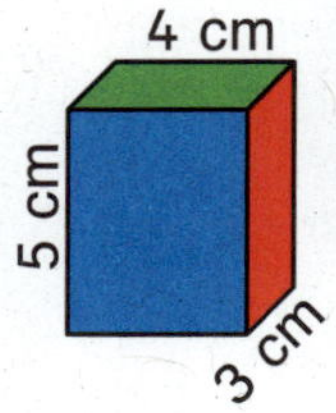

Grundfläche: $A = 4 \cdot 3$
$A = 12\ \text{cm}^2$

Vorderfläche: $A = 4 \cdot 5$
$A = 20\ \text{cm}^2$

Seitenfläche: $A = 3 \cdot 5$
$A = 15\ \text{cm}^2$

Oberflächeninhalt:		
	2·Grundfläche	$2 \cdot 12\ \text{cm}^2 =$ ______ cm^2
	2·Vorderfläche	$2 \cdot 20\ \text{cm}^2 =$ ______ cm^2
	2·Seitenfläche	$2 \cdot 15\ \text{cm}^2 =$ ______ cm^2
		O = ______ cm^2

2 Berechne den Oberflächeninhalt des Quaders.

a)

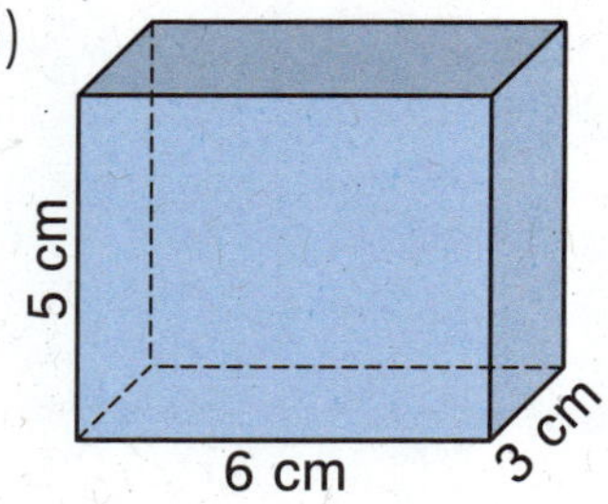

Grundfläche: ______
______

Vorderfläche: ______
______

Seitenfläche: ______
______

Oberflächeninhalt:		
	2·Grundfläche	2·____ = ______ cm^2
	2·Vorderfläche	2·____ = ______ cm^2
	2·Seitenfläche	2·____ = ______ cm^2
		O = ______ cm^2

b)

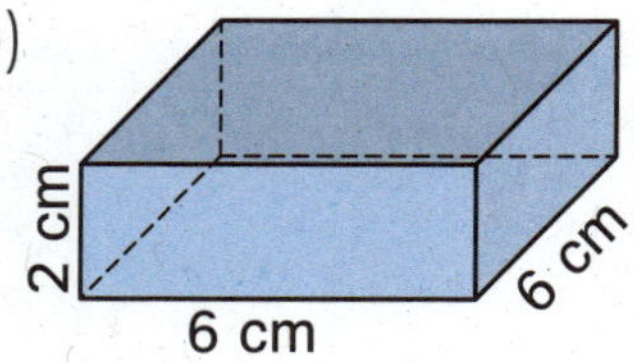

Grundfläche: ______
______

Vorderfläche: ______
______

Seitenfläche: ______
______

Oberflächeninhalt:		
	2·Grundfläche	2·____ = ______ cm^2
	2·Vorderfläche	2·____ = ______ cm^2
	2·Seitenfläche	2·____ = ______ cm^2
		O = ______ cm^2

Oberflächeninhalt eines Prismas

Die Oberfläche eines Körpers ist die Summe seiner Einzelflächen.
Für alle Prismen gilt: **Oberfläche = 2 · Grundfläche + Mantelfläche**
$O = 2 \cdot G + M$

1 Berechne zuerst die Mantelfläche und dann den Oberflächeninhalt des Prismas.
Die Grundfläche ist gegeben.

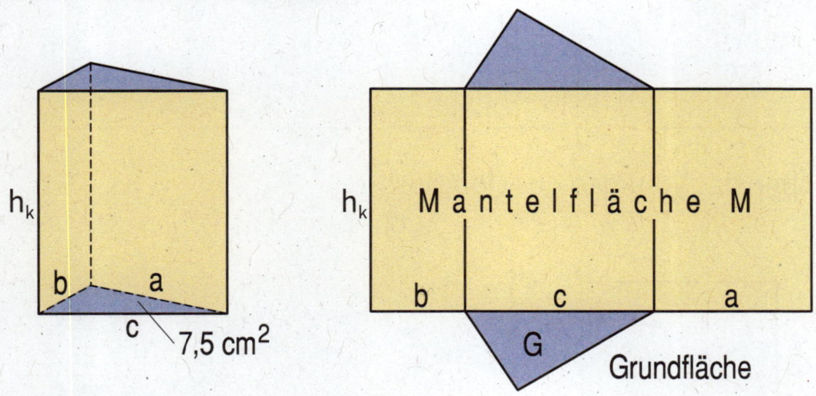

Grundfläche: $G = 7{,}5\ cm^2$

Mantelfläche:
$M = (a + b + c) \cdot h_k$

$M = (\_\_ + \_\_ + \_\_) \cdot \_\_$

$M = \_\_\_\_ \cdot \_\_\_\_$

$M = \_\_\_\_\_\_\ cm^2$

$a = 5\ cm$, $b = 3\ cm$, $c = 6\ cm$, $h_k = 7\ cm$

$O = 2 \cdot G + M$

$O = 2 \cdot \_\_\_\_ + \_\_\_\_$

$O = \_\_\_\_\_\_\ cm^2$

2 Färbe im Netz des Prismas Grundfläche und Deckfläche blau und die Mantelfläche gelb.
Berechne den Oberflächeninhalt.

a)

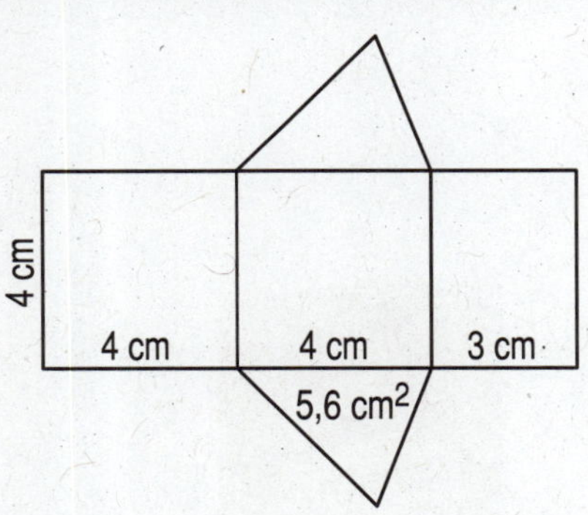

$O = 2 \cdot G + M$

$O = 2 \_\_\_\_ + \_\_\_\_$

$O = \_\_\_\_\ cm^2$

G =

M =

b)

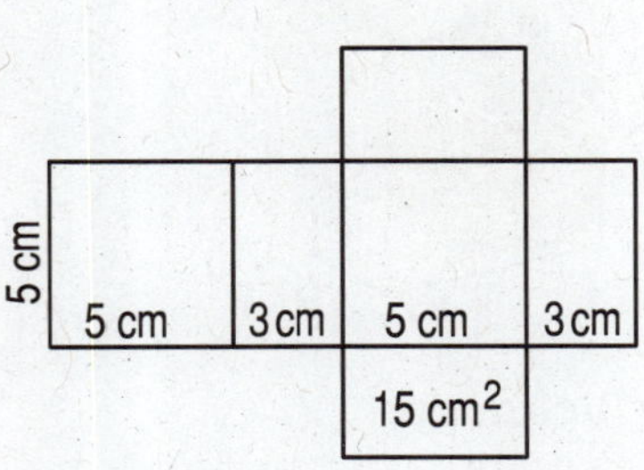

O = ______

O = ______

O = ______

G =

M =

c)

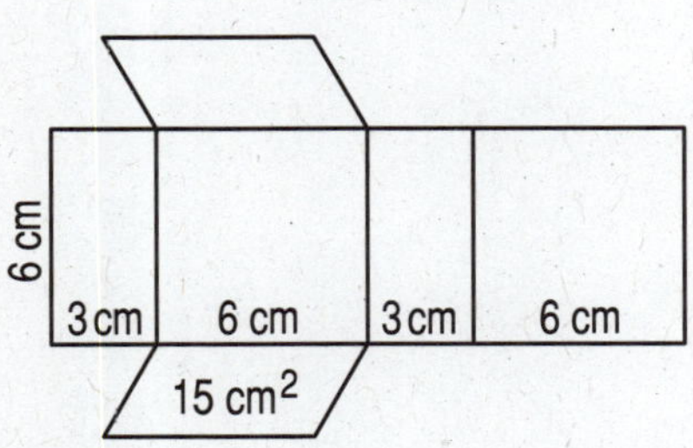

O = ______

O = ______

O = ______

G =

M =

Volumen eines Quaders

1 Ina und Kai berechnen das Volumen des Quaders auf verschiedenen Wegen.
Vervollständige beide Rechnungen. Beachte: Körperhöhe $h_k = c$

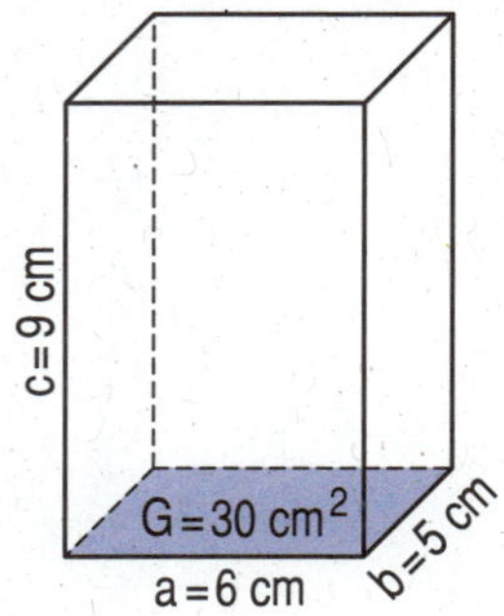

Volumen:

$V = \text{Länge} \cdot \text{Breite} \cdot \text{Höhe}$

$V = a \cdot b \cdot c$

V = ______ · ______ · ______

V = ________ cm³

Volumen:

V = Grundfläche · Körperhöhe

$V = G \cdot h_k$

V = ______ · ______

V = ________ cm³

2 Die Grundfläche ist gegeben. Berechne das Volumen des Quaders.

a)

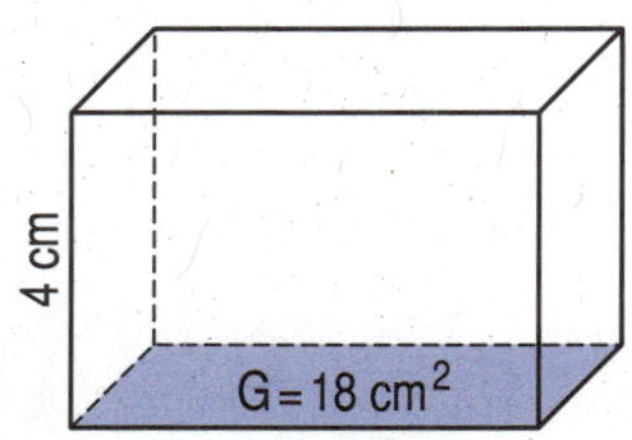

$V = G \cdot h_k$

V = ____________

V = ____________

b)

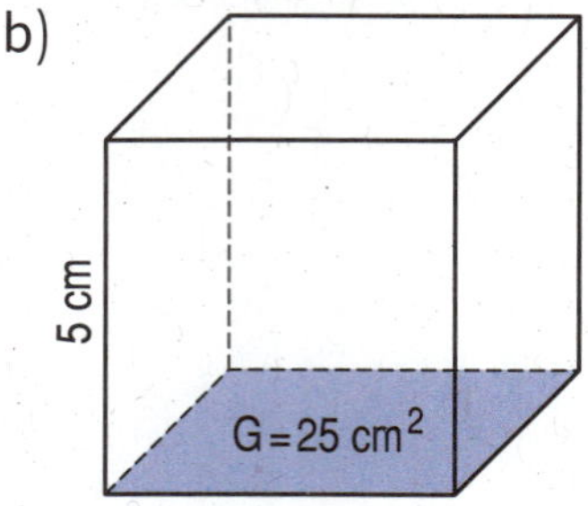

$V = G \cdot h_k$

V = ____________

V = ____________

c)

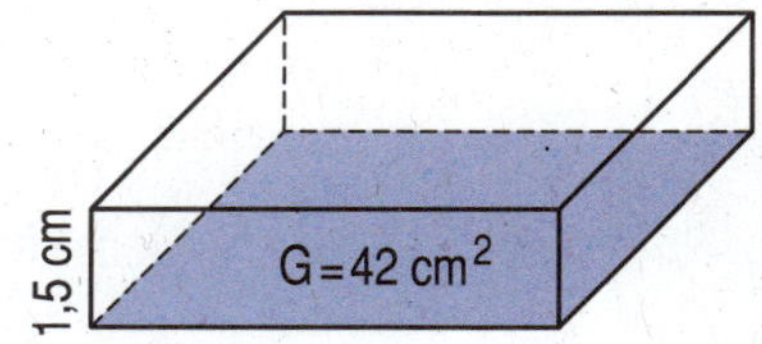

$V = G \cdot h_k$

V = ____________

V = ____________

3 Berechne das Volumen. Wähle selbst den Rechenweg.

a)

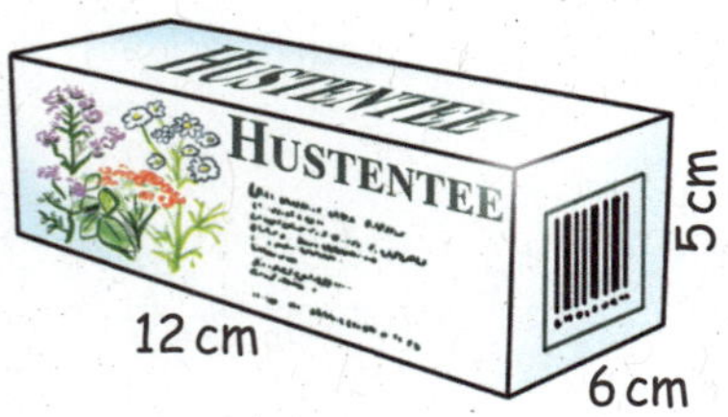

Volumen: ____________

b)

Volumen: ____________

c)

Volumen: ____________

Volumen eines Prismas

Für alle Prismen gilt: **Volumen = Grundfläche · Höhe**
$V = G \cdot h_k$

1 Die Grundfläche ist gegeben. Berechne das Volumen des Prismas.

a)

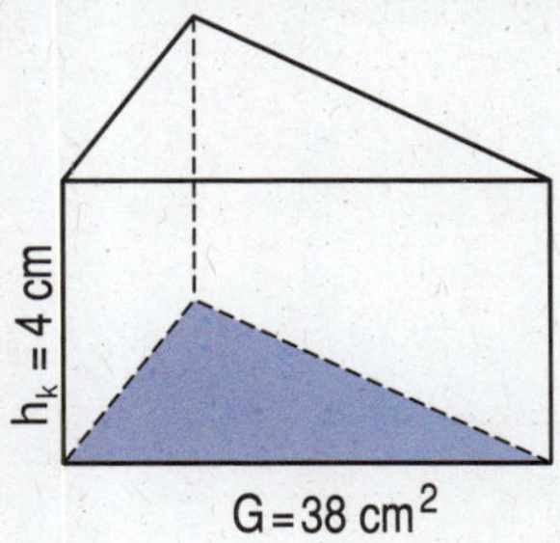

$V = G \cdot h_k$

V = ________ + ________

V = ________ cm³

b)

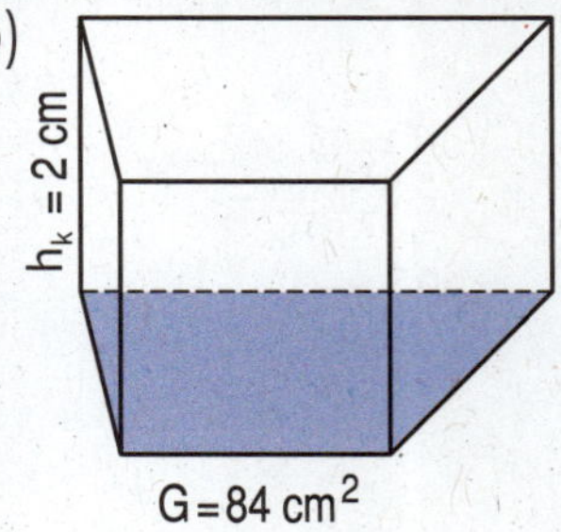

$V = G \cdot h_k$

V = ________ + ________

V = ________

c)

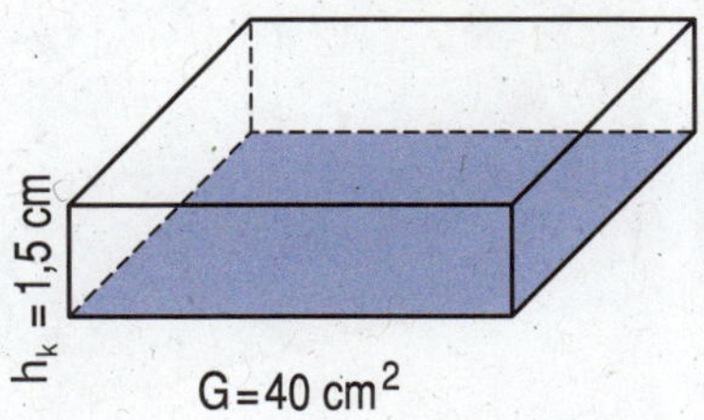

$V = G \cdot h_k$

V = ________

V = ________

2 Das Prisma muss nicht auf seiner Grundfläche stehen. Färbe die Grundfläche des Prismas. Berechne das Volumen.

a)

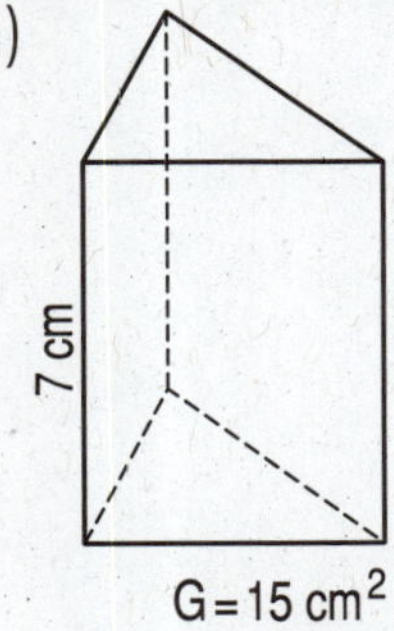

$V = G \cdot h_k$

V = ________ + ________

V = ________ cm³

b)

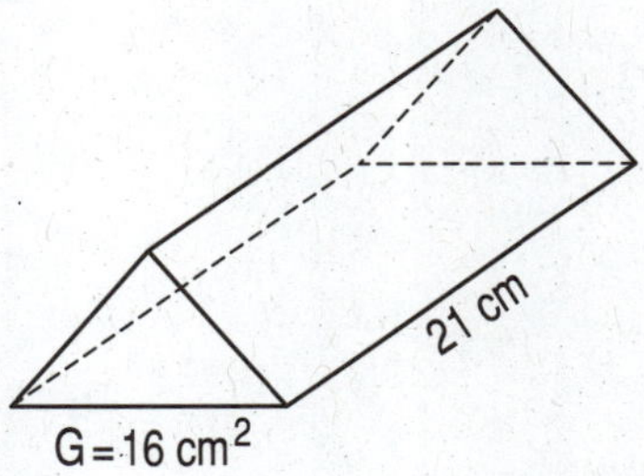

V = ________

V = ________

V = ________

c)

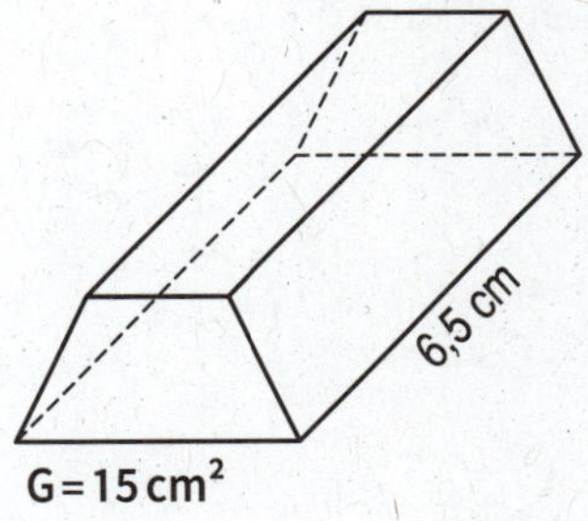

V = ________

V = ________

V = ________

3 Bestimme den fehlenden Wert für das Prisma.

	a)	b)	c)	d)	e)	f)
Grundfläche (G)	55 cm²	25 cm²	60 cm²			40 cm²
Körperhöhe (h_k)	10 cm	6 cm	7 cm	5 cm	6 cm	
Volumen (V)				100 cm³	180 cm³	200 cm³

Volumen und Oberflächeninhalt eines Prismas

1 Berechne das Volumen und die Oberfläche der Schachtel.

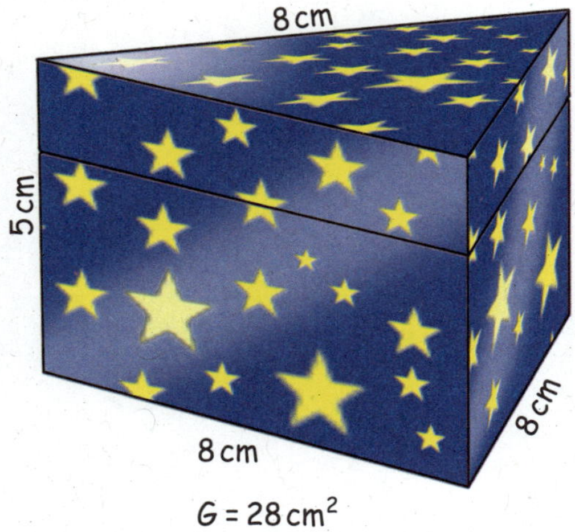

V = ____________

V = ____________

V = ____________

O = ____________

O = ____________

O = ____________

2 Welcher Körper hat das größere Volumen?

A

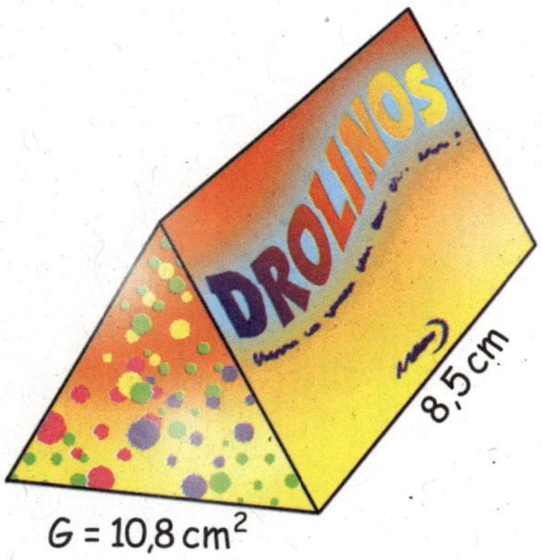

B

A: ____

3 Auf dem Pausenhof wird eine Kiste mit Streusand für den Winter aufgestellt.
a) Wie viel m^2 Holz werden für die rechteckige Kiste mindestens benötigt?
b) Die Kiste wird bis zum Rand mit Sand gefüllt. Wie viel m^3 Sand passen hinein?

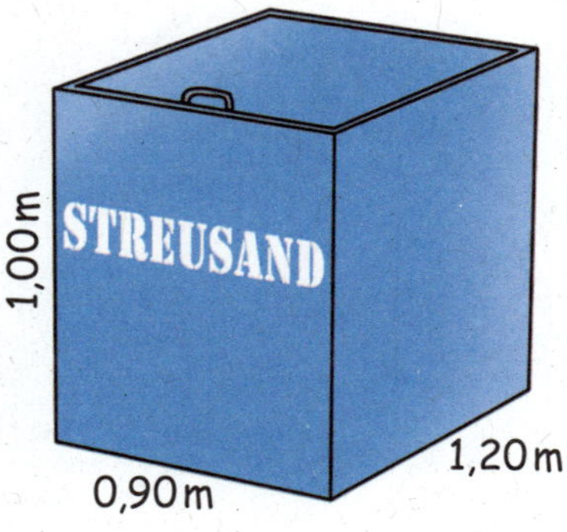

A: ____

Sachaufgaben

1 Im Fachgeschäft wird ein Fahrradanhänger mit den angegebenen Maßen angeboten.

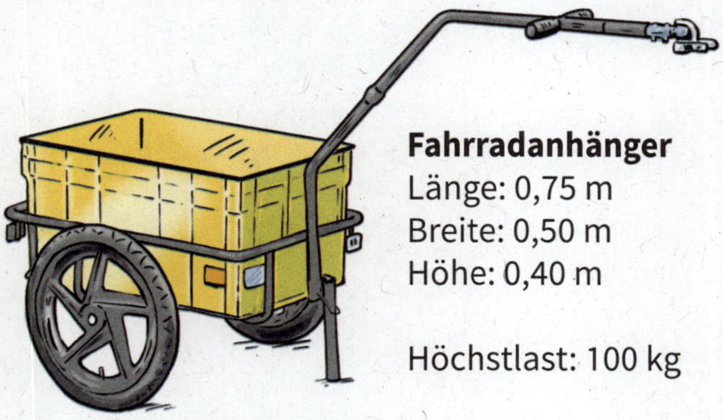

Fahrradanhänger
Länge: 0,75 m
Breite: 0,50 m
Höhe: 0,40 m

Höchstlast: 100 kg

a) Berechne das Volumen des Anhängers.

V = ______________

b) 1 m³ Sand wiegt 1 800 kg pro m³.
Darf der Anhänger randvoll mit Sand befüllt werden?

Antwort: ______________

2 Die Abbildung zeigt den Querschnitt eines Deiches.
Wie viel m³ Erde werden für einen 80 m langen Deichabschnitt benötigt?

Antwort: ______________

3 Aquarien gibt es mit verschiedenen Grundflächen. Berechne für jedes Aquarium das Volumen.
Gib das Fassungsvermögen in Litern an (1 000 cm³ = 1 ℓ).

a)
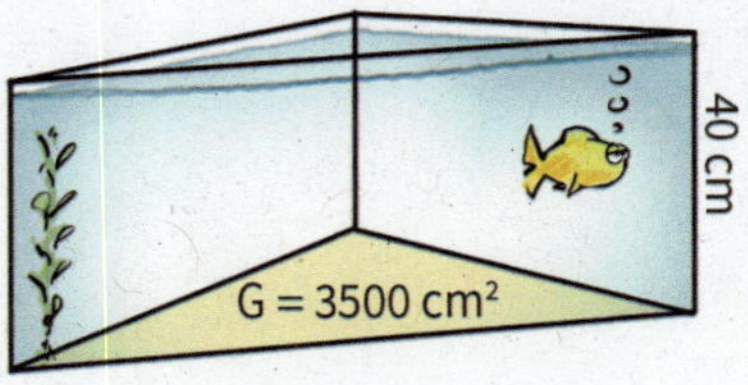

b)

c)

Fassungsvermögen: ______ ℓ   Fassungsvermögen: ______ ℓ   Fassungsvermögen: ______ ℓ

Oberflächeninhalt eines Zylinders

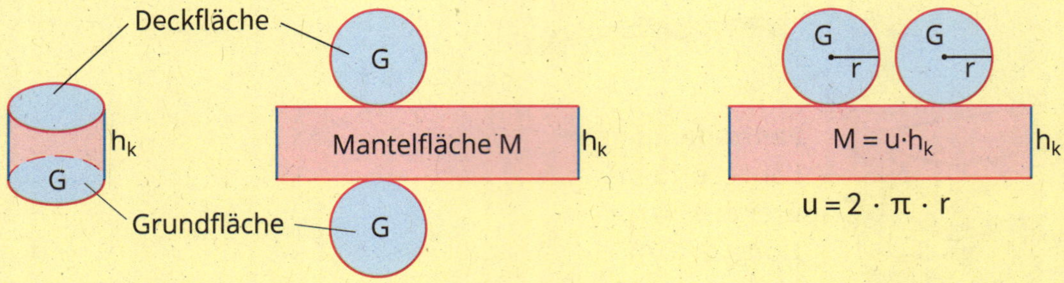

Oberfläche = 2 · Grundfläche + Mantelfläche $\qquad O = 2 \cdot G + M$

1 Berechne zuerst die Grundfläche und die Mantelfläche, dann den Oberflächeninhalt.

a)

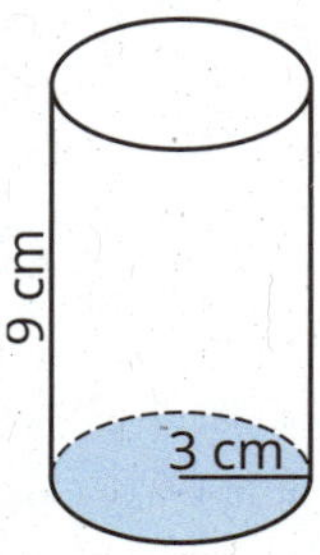

$O = 2 \cdot G + M$

O = ____________

O = ____________

$G = \pi \cdot r^2$ $\qquad M = u \cdot h_k$

G = $\qquad M = 2 \cdot \pi \cdot 3 \cdot 9$

G = $\quad$ cm² $\qquad$ M = $\quad$ cm²

b)

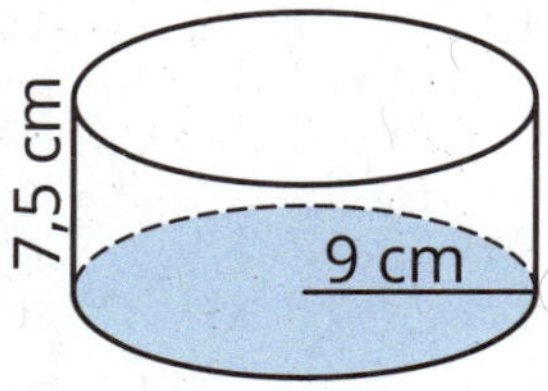

O = ____________

O = ____________

O = ____________

G = $\qquad$ M =

G = $\qquad$ M =

G = $\qquad$ M =

c)

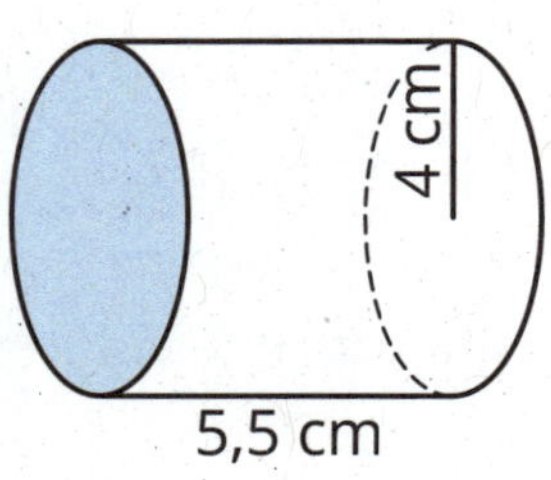

O = ____________

O = ____________

O = ____________

G = $\qquad$ M =

2 Wie viel cm² Blech werden für die Herstellung der Dose benötigt?

A: ____

Volumen eines Zylinders

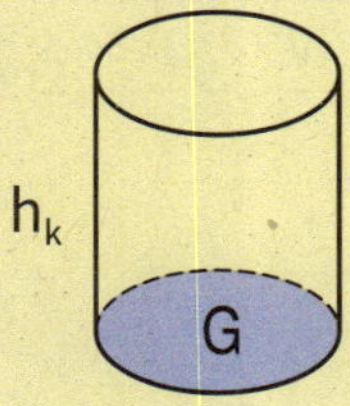

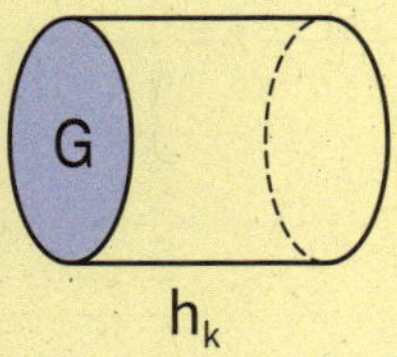

Volumen = Grundfläche · Körperhöhe
$V = G \cdot h_k$

1 Berechne zuerst die Grundfläche und dann das Volumen des Zylinders.

a)

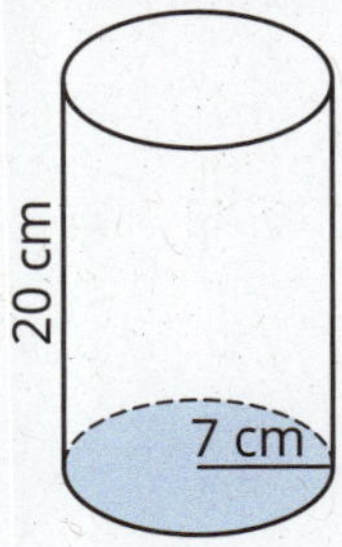

V = ______

V = ______

V = ______

$G = \pi \cdot r^2$

$G = 3{,}14 \cdot 7^2$

G = cm^2

b)

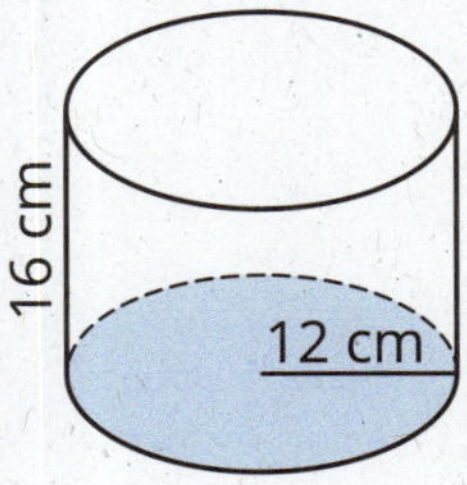

V = ______

V = ______

V = ______

G =

c)

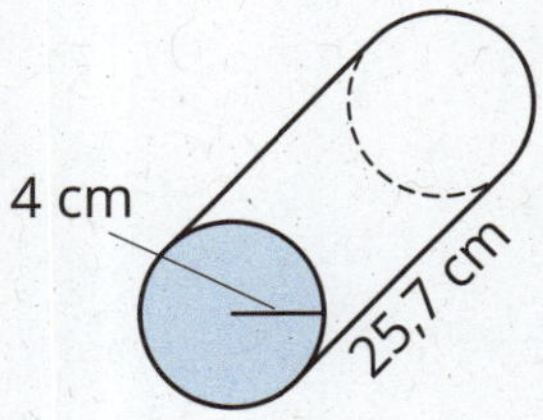

V = ______

V = ______

V = ______

G =

2 Wie viel m^3 Öl passen in den Tank?

a)

$r = 6$ m, $h_k = 13$ m

A: ______

b)

$r = 0{,}9$ m, Länge = 11 m

A: ______

Üben: Volumen und Oberflächeninhalt eines Zylinders

1 Volumen (V) oder Oberflächeninhalt (O)? Was ist gesucht? Kreuze an.

	V	O
Eine Dose wird aus Blech hergestellt.		
Eine Regentonne wird geleert.		
Ein kreisrundes Silo wird mit Getreide befüllt.		
Eine Konservendose erhält eine Schutzschicht gegen Rost.		
Eine Dose wird mit Farbe gefüllt.		

2 Der Gasometer in Pforzheim ist 40 m hoch und hat einen Radius von 20 m.
Früher war er mit Gas gefüllt. Heute werden im Gebäude Ausstellungen gezeigt.
a) Berechne den Flächeninhalt der Grundfläche und den Flächeninhalt der Mantelfläche.
b) Berechne das Volumen des Gasometers.

G = ______________ M = ______________ V = ______________

3 Der kreisrunde Pool in der Ferienanlage hat einen Radius von 2 m und eine Tiefe von 1,2 m.
Er ist randvoll mit Wasser gefüllt.
Wie viel m^3 Wasser enthält der Pool?

A: ______________________________

4 Heu wird zum Schutz vor Nässe gepresst und in Folie verschweißt. Jeder Ballen hat einen Radius von 0,5 m und eine Körperhöhe von 1,2 m.
a) Wie viel Heu wird in den Ballen gepresst?
b) Wie viel Folie wird für einen Ballen benötigt?

A: ______________________________

Üben: Zusammengesetzte Körper

1 Berechne das Volumen des zusammengesetzten Körpers.

a)

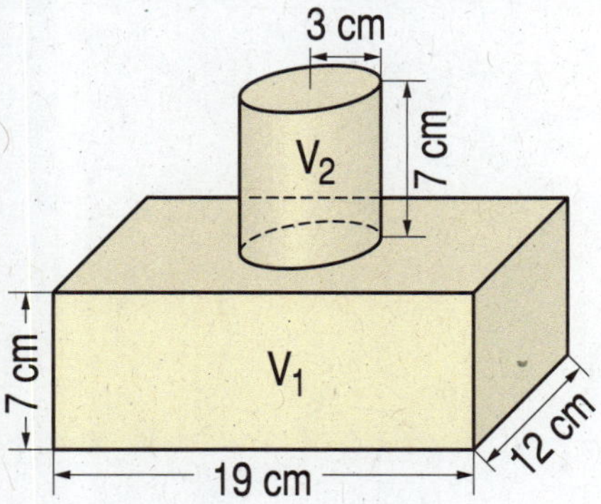

$V = V_1 + V_2$

V = ______ + ______

V = ______ cm³

b)

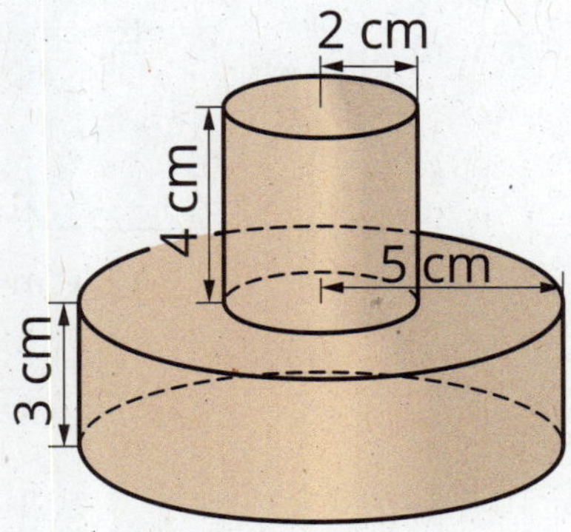

$V = V_1 + V_2$

V = ______ + ______

V = ______ cm³

2 Aus dem Zylinder wurde ein Stück herausgebohrt. Berechne das Volumen des Restkörpers.

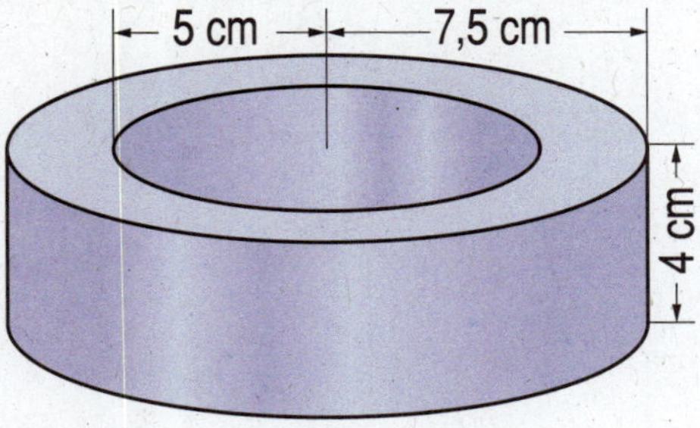

$V = V_1 - V_2$

V = ______ − ______

V = ______ cm³

Vermischte Übungen

1 Berechne das Volumen und die Oberfläche des Quaders.

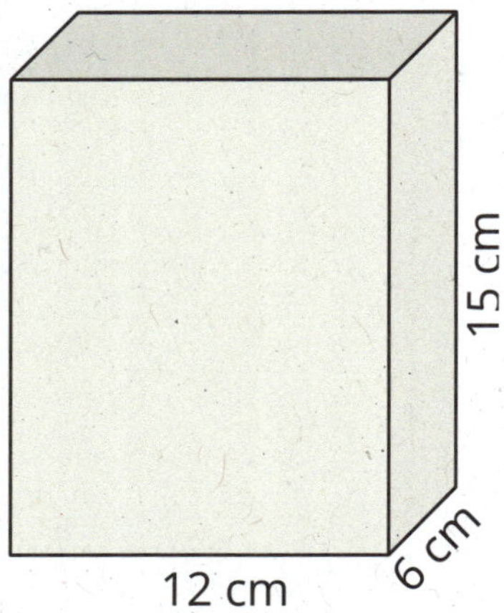

V = ______________________

V = ______________________

V = ______________________

O = ______________________

O = ______________________

O = ______________________

2 Berechne das Volumen des Körpers.

a)

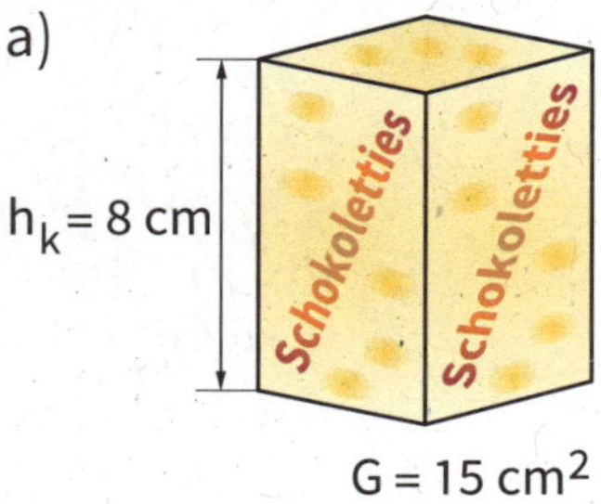

b)

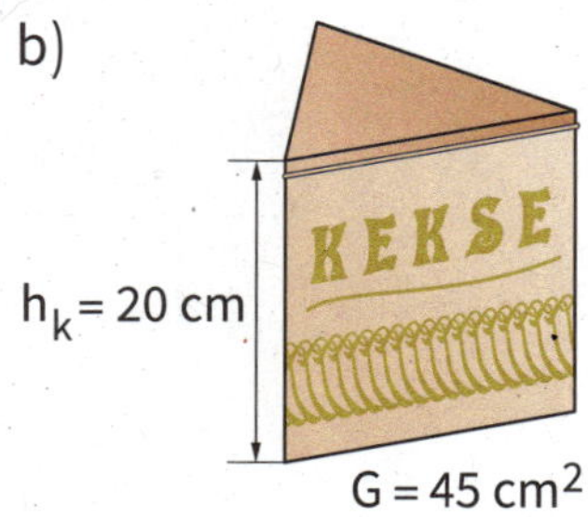

c)

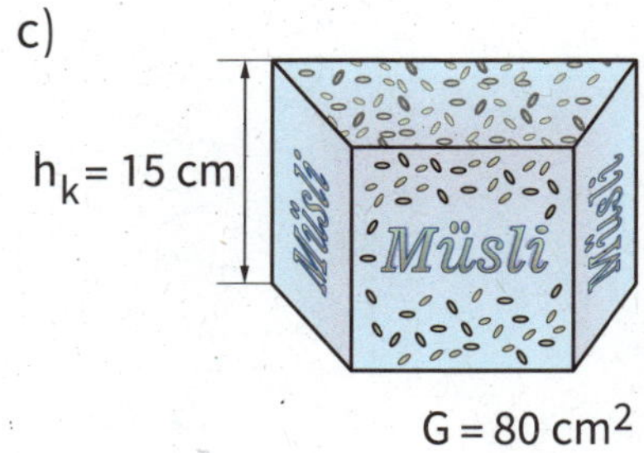

V = ______________ V = ______________ V = ______________

3 Die Verpackung einer Schokoladenstange hat die Form eines Prismas.
a) Wie viel cm³ Schokolade passen in die Verpackung?
b) Auf der Mantelfläche stehen Informationen. Wie groß ist die Mantelfläche?

A: ____

4 Berechne das Volumen und den Oberflächeninhalt der Dose.

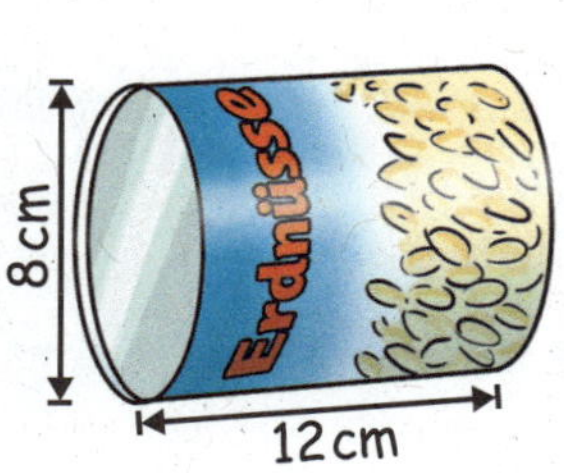

Volumen: ______________ Oberflächeninhalt: ______________

Alles paletti
Vermischte Übungen

1 Löse die Gleichung.

a) $6x + 7 = 25$

b) $8x - 9 = 47$

2 Fasse zuerst zusammen, dann löse die Gleichung.

a) $4x + 5 - 2x = 23$

b) $3x + 4 - x = x + 8$

3 Stelle zum Zahlenrätsel eine Gleichung auf. Löse die Gleichung. Mache die Probe.

a) 
Ich denke mir eine Zahl und addiere 8. Als Ergebnis erhalte ich 25.

$x + 8 = 25$

b) 
Ich denke mir eine Zahl und subtrahiere 5. Das Ergebnis ist 19.

c) 
Ich denke mir eine Zahl und addiere 5. Das Ergebnis ist 53.

4 Erstelle zu dem Zahlenrätsel eine Gleichung. Löse die Gleichung.
Die Lösung kann eine negative Zahl sein.

a) Vom Vierfachen einer Zahl subtrahiere ich 6. Das Ergebnis ist das Doppelte der Zahl.

$4x - 6 =$

b) Von 44 subtrahiere ich das Doppelte einer Zahl. Ich erhalte die Summe aus dem Dreifachen der Zahl und 4.

c) Zu 17 addiere ich das Doppelte einer Zahl. Ich erhalte die Summe aus dem Dreifachen der Zahl und 19.

Alles paletti

Vermischte Übungen

5 Berechne die Zinsen für ein Jahr. Das Kapital beträgt 8000 €.

Zinssatz	1 %	3 %	6 %	9 %	10 %	12 %
Zinsen						

6 Berechne die Zinsen für ein Jahr. Der Zinssatz ist immer 2 %.

a) **Kapital 600 €**

%	€
100	600

Zinsen für ein Jahr: ______ €

b) **Kapital 700 €**

%	€

Zinsen für ein Jahr: ______ €

c) **Kapital 1 800 €**

%	€

Zinsen für ein Jahr: ______ €

7 Berechne die Zinsen für ein Jahr und das Guthaben am Jahresende.

a) Guthaben: 580 €

Zinssatz: 2 %

%	€

b) Guthaben: 1 740 €

Zinssatz: 3 %

%	€

a) Zinsen für ein Jahr: ______ €

Guthaben am Jahresende: ______ €

b) Zinsen für ein Jahr: ______ €

Guthaben am Jahresende: ______ €

8 6 480 € werden 210 Tage lang mit dem Zinssatz 1,2 % verzinst.
Berechne die Tageszinsen.

Jahreszinsen

%	€

Tageszinsen

Tage	€

Tageszinsen für 210 Tage: ______ €

9 Umfang (u) oder Flächeninhalt (A), was muss berechnet werden? Kreuze an.

		u	A
a)	Die Außenlinien eines Fußballfeldes werden weiß markiert.		
b)	Die Decke der Sporthalle wird gestrichen.		
c)	Der Rasen des Sportplatzes wird gemäht.		
d)	Um die Sprunggrube herum wird Absperrband gespannt.		

10 Berechne den Flächeninhalt der Figur.

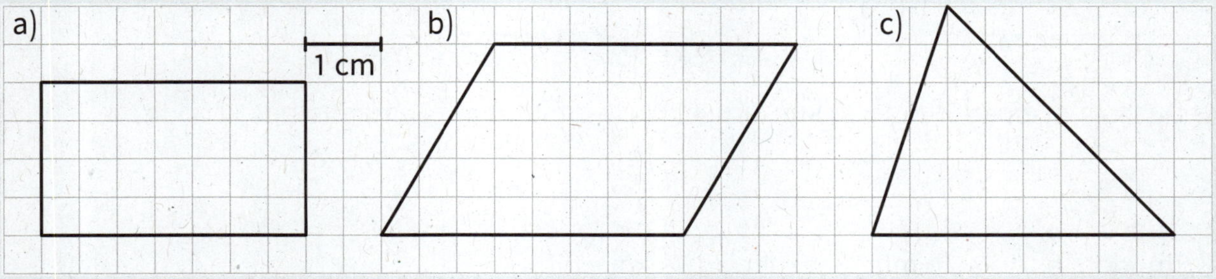

A = ______ A = ______ A = ______

A = ______ A = ______ A = ______

A = ______ A = ______ A = ______

11 Berechne Umfang und Flächeninhalt des Dreiecks.

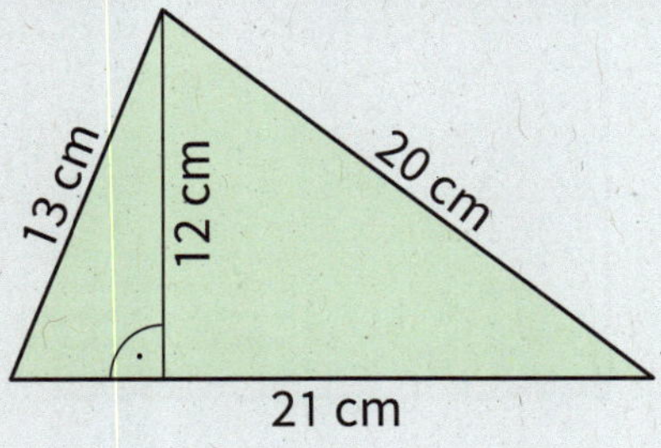

u = ______ A = ______

u = ______ A = ______

u = ______ A = ______

12 a) Bestimme die fehlenden Maße in der Zeichnung.
b) Berechne den Flächeninhalt der Flächen A_1 und A_2.
c) Berechne den Inhalt der gesamten Fläche.

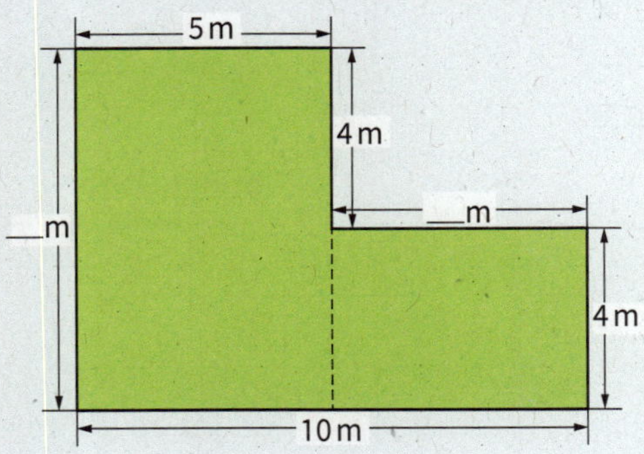

Fläche A_1: ______ m^2 Fläche A_2: ______ m^2 Gesamtfläche: ______ m^2

Alles paletti

Vermischte Übungen

13 Vervollständige die Tabelle. Trage das Ergebnis ein.

a)

Preis für 5 Stifte: 3,50 €

Preis für 12 Stifte: ________ €

Anzahl	€
5	
1	
12	

b)

Preis für 4 Patronen: 1,00 €

Preis für 7 Patronen: ________ €

Anzahl	€

14 Herr Dux legt in einer Stunde 90 km zurück. Wie weit fährt er in einer halben Stunde?

A: ____

15 In 3 Stunden fährt Paolo mit dem Fahrrad 39 km weit.
F: Wie viel Kilometer legt er pro Stunde zurück?

h	km

A: ____

16 Wie viele Fahrten sind für den Transport der Baumaterialien notwendig?

a) Bei 2 Lkw 10 Fahrten

Lkw	Fahrten

b) Bei 3 Lkw 12 Fahrten

Lkw	Fahrten

c) Bei 5 Lkw 9 Fahrten

Lkw	Fahrten

17 Ist die Zuordnung proportional oder antiproportional?
Trage ein, dann ergänze die fehlenden Werte in der Tabelle.

a) **Arbeitszeit**

Personen	h
5	10
1	
2	

____

b) **Preis**

Bohrer	€
2	9,00
1	
3	

____

c) **Fahrtdauer**

km	h
300	6
100	
400	

____

18 So viele Stunden schien in Kiel in den Monaten Mai bis September die Sonne.

Mai	Juni	Juli	August	Semptemer	Arithmetische Mittel
190 h	230 h	320 h	240 h	130 h	

a) Bestimme das arithmetische Mittel. Trage es ein.
b) Ordne alle 5 Werte zu einer Rangliste.
Dann bestimme den Median und die Spannweite.

_____ _____ _____ _____ _____

Median: _____ Spannweite: _____

19 Berechne den Umfang und den Flächeninhalt.

a)
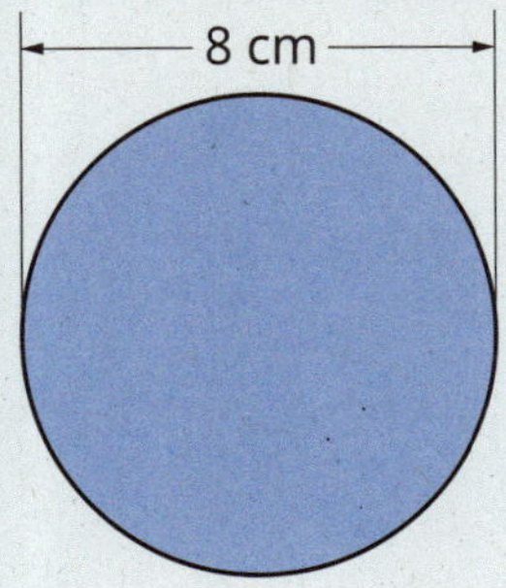

u = _____
u = _____
u = _____
A = _____
A = _____
A = _____

r = _____ cm

b)
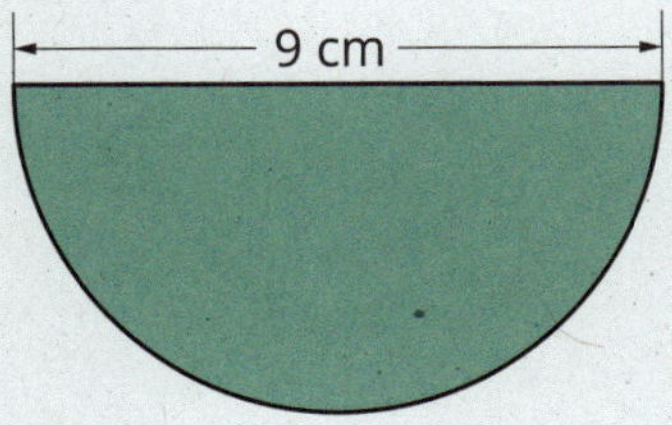

u = _____
u = _____
u = _____
A = _____
A = _____
A = _____

r = _____ cm

20 Berechne Umfang und Flächeninhalt des kreisrunden Blumenbeetes.

u = _____ A = _____
u = _____ A = _____
u = _____ A = _____

21 Berechne das Volumen.

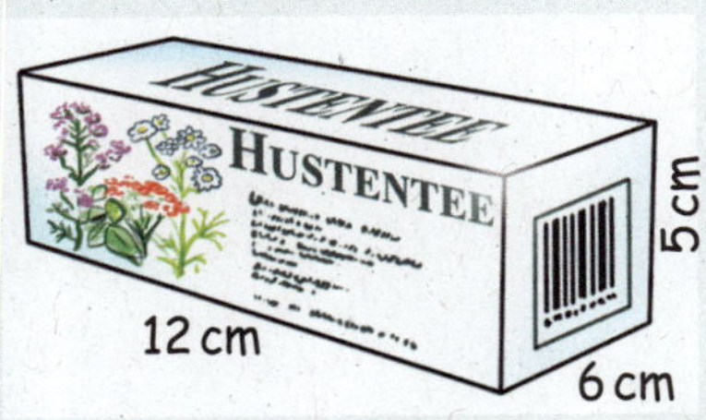

Volumen: _____

Alles paletti

Vermischte Übungen

22 Das Prisma muss nicht auf seiner Grundfläche stehen. Färbe die Grundfläche des Prismas. Berechne das Volumen des Prismas.

a)

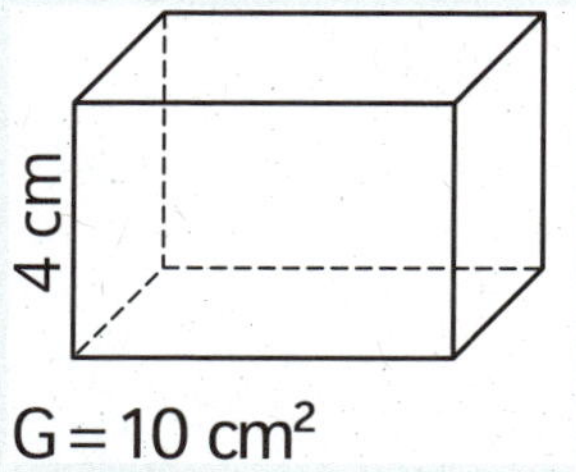

$V = G \cdot h_k$

V =

V = ______ cm^3

b)

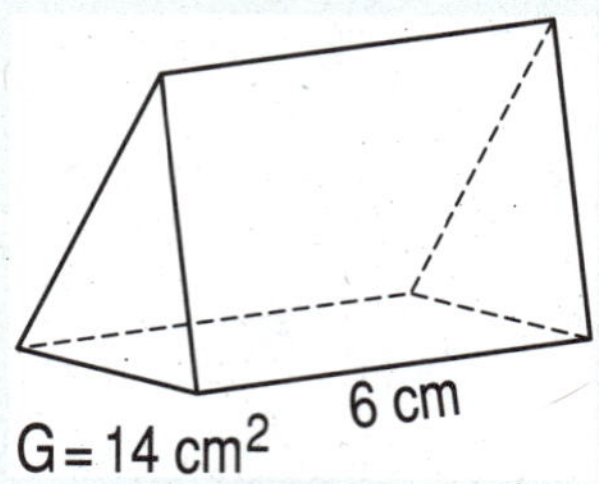

V = ______

V = ______

V = ______

c)

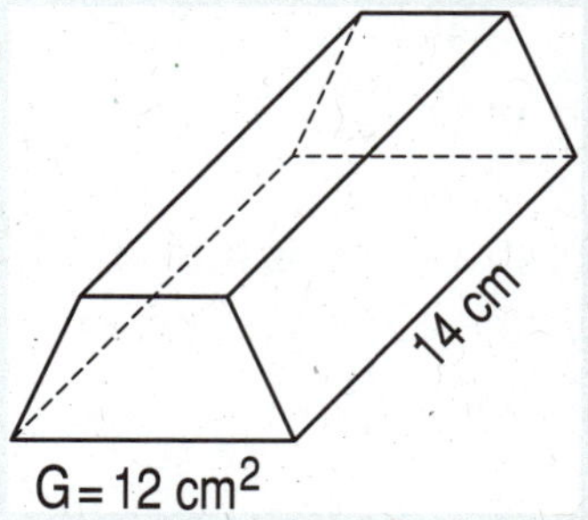

V = ______

V = ______

V = ______

23 Bestimme den fehlenden Wert für das Prisma.

	a)	b)	c)	d)	e)	f)
Grundfläche (G)	55 cm^2	25 cm^2	60 cm^2			40 cm^2
Körperhöhe (h_k)	10 cm	6 cm	7 cm	5 cm	6 cm	
Volumen (V)				100 cm^3	180 cm^3	200 cm^3

24 Berechne die Oberfläche des Prismas.

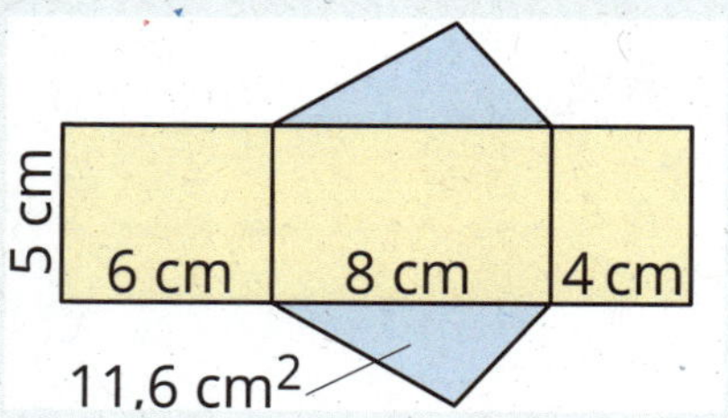

O = ______

O = ______

O = ______

25 Die Verpackung von Schokoladentalern hat die Form eines Zylinders.
a) Wie viel cm^3 Schokolade passen in die Verpackung?
b) Auf der Mantelfläche stehen Informationen. Wie groß ist die Mantelfläche?

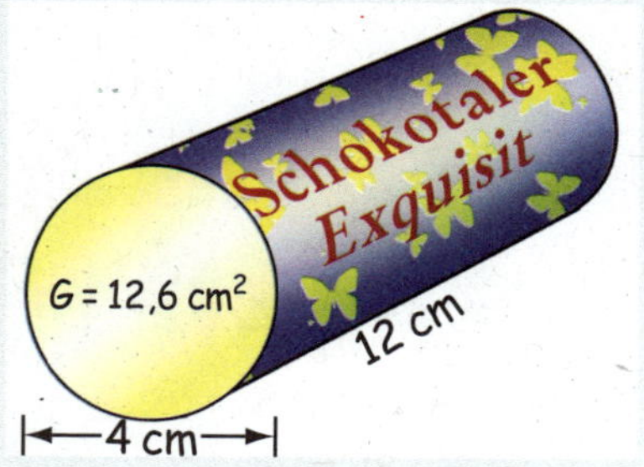

A: ______